城市生态游憩空间格局和功能优化研究

The Spatial Pattern and Function
Optimization of Urban Ecological
Recreational Space

李 华 著

北京·旅游教育出版社

责任编辑：刘彦会

图书在版编目（ＣＩＰ）数据

城市生态游憩空间格局和功能优化研究 / 李华著
. -- 北京 ：旅游教育出版社，2019.4
ISBN 978-7-5637-3931-8

Ⅰ．①城… Ⅱ．①李… Ⅲ．①城市空间－生态环境－
空间规划－研究 Ⅳ．①TU984.11

中国版本图书馆CIP数据核字(2019)第062775号

城市生态游憩空间格局和功能优化研究

李华　著

出版单位	旅游教育出版社
地　　址	北京市朝阳区定福庄南里 1 号
邮　　编	100024
发行电话	（010）65778403　65728372　65767462（传真）
本社网址	www.tepcb.com
E - mail	tepfx@163.com
排版单位	北京旅教文化传播有限公司
印刷单位	北京虎彩文化传播有限公司
经销单位	新华书店
开　　本	787 毫米 × 1092 毫米　1/16
印　　张	10.5
字　　数	184 千字
版　　次	2019 年 4 月第 1 版
印　　次	2019 年 4 月第 1 次印刷
定　　价	59.00 元

（图书如有装订差错请与发行部联系）

内容简介

　　本研究在系统地梳理城市生态游憩空间的内涵和相关理论的基础上，总结了国内外相关的研究实践和经验。通过对城市居民的生态游憩认知和行为的调查，发现大部分的被调查者认可在城市中开展生态旅游，并愿意在旅游过程中承担生态责任，但其中多数人以自身经济效用的不受影响为前提；同时他们对游憩活动内容的认可度与其消耗性成反比。研究发现上海城市生态游憩空间间规模与吸引半径、出游的时间和经济成本呈正比，居民对各类生态游憩空间的逗留时间与生态游憩空间规模的大小基本是成正比。运用缓冲区的方法研究服务半径，发现规模、特征和位置差异均会对实际的服务半径产生影响；上海各区的服务面积比差异较大，而且整体的生态游憩服务适宜度不高。上海城市生态游憩空间的服务功能评估得到的综合指数得分低的主要原因不是由于绝对的空间数量值低，而是空间格局不合理而造成的功能受损。城市生态游憩空间格局演化动力主要源于城市发展定位与规划、区域内的地段等级因素、区域人口数量、城市游憩发展等因素。根据2001—2016年以来的演化研究发现上海总体的城市生态游憩空间格局正趋于稳定，但各区的游憩空间格局及功能变化幅度呈现较大差异。据此，本研究认为上海城市生态游憩空间整合与格局优化应以人为本，立足本地居民的需求；生态优先，增强乡土元素，构建低碳游憩的生态网络系统。本研究提出了相应的对策和建议：城市中心生态游憩空间整合的立体化与纵深化，近郊及外圈区域生态游憩空间布局的均匀性与渗透性，生态游憩空间建设的近自然性与软质化，重视和加强多功能的生态游憩廊道系统的构建。

前　言

早期的地理学家 Walter Christaller（1963）曾提到"旅游的本质决定了它会避开中心地区，偏爱城市以外的、以自然资源为依托的地方"。这主要是由于城市的都市化和人口的过度拥挤，使得人们认为只有通过旅游的远足才能获得高质量的生活状态。然而，近年来城市地区的生态旅游已经逐渐成为热点，并受到了广泛的关注。研究认为现代城市的公园、绿地、高尔夫球场、排水潟湖和蓄洪池、垃圾填埋处、特色建筑和遗址，以及动物园和植物园均适于发展生态旅游。在城市中进行的生态旅游具有更加丰富的现实意义，其以城市及其周边区域内的生态旅游资源为依托，为游客和当地居民提供对城市自然和文化资源更多的欣赏机会，鼓励尊重和保存城市中资源和文化的多样性，支持当地经济和社区建设，从而保持资源的生态过程和文化延续，培养大众的生态伦理道德及意识；即城市生态旅游强调了存在于城市中的自然、文化、体育活动，以及可持续性和社区发展的重要性。

伴随现代城市发展的趋势和人类对自然生态的渴求，融合城市生活与亲近自然的共同诉求的城市生态旅游在有效满足城市居民休闲游憩需要的同时，为城市生态化和旅游可持续发展提供了新的途径。但是必须正视的现实是，快速的城市化进程使得大量的人造建筑取代了自然地表，极大地改变了城市的生态环境，而且这一进程仍在加快，导致各种生态问题的凸显，恢复城市的宜居性与城市化的理性发展成为世界城市发展的共同议题。

目前，大多数城市结构均以人及其社会经济要素的流动为中心构建，导致城市过分依赖功能体间的交通。这一方面导致以城市绿地为主的生态游憩空间布局分散、可达性低，生态过程与景观格局缺乏联系，社会经济和生态效益未能有效发挥；另一方面，人与自然的距离逐渐疏远，快速紧张生活节奏与水泥"森林"的包围，让城市居民对自然生态的渴求日甚。城市绿色生态空间布局与居民生态游憩需求间的矛盾越来越突出，同时受假日制度和出行成本的影响，城市以外自然生态游憩目的地难以满足城市居民的日常游憩需求。因此，在城市生态化和低碳化的发展趋势下，优化和整合城市中以绿地、公园和保护区为主的生态游憩空间，系统性开展生态环境的恢复和保护，满足和引导城市居民在城市中参与生态游憩活动将是有效缓解这一问题的重要途径。

以城市公园绿地为主的生态游憩空间作为城市的生态基础设施，是城市空间结构的重要组成部分，是实现城市可持续发展的重要空间保障，具有重要的生态、娱乐、休憩和社会文化等功能，如保护生物多样性、减轻城市热岛效应，提供休闲娱乐场所，缓解城市居民的工作压力等。因此，其空间规模、特征和布局均是其服务功能、社会和生态效益的关键影响因素。

作为国际化的旅游城市，上海在拥有巨大的国际国内市场的同时，本地市民的游憩需求也非常可观，科学发展城市生态旅游，不仅有利于丰富和提升上海都市旅游的产品，而且对于消化本市庞大的周末及假日旅游市场需求，促进城市生态文明和文化产业发展，均具有重要的意义。近年来随着上海生态型城市的建设日趋成熟，城市公园、绿地、动植物园及城郊自然生态保留地，以及具有独特历史文化价值的人文景观的整体环境质量得到了大幅度提升。本研究从使用者主体和空间格局客体两个角度，对上海城市生态游憩空间的现状分别进行了调研和分析，并构建评价体系进行其服务功能评估和空间格局的演化分析，最后对上海城市生态游憩空间整合和格局优化提出了对策思路。以上海生态游憩空间为例的研究具有较强的典型性，其研究结果可以为上海的城市生态旅游的发展提供参考，对我国其他地区也具有积极的示范价值。

本书以国家自然科学基金项目（41301154）和上海市科技发展基金软科学重点项目立项课题（12692105100）的研究成果为基础，进行了较大幅度的完善、修改和补充。感谢课题验收的评审专家提出的宝贵意见，也感谢王丽娜、王巧和徐文静同学在研究数据收集和书稿校对过程中的认真工作。

李华

2019 年 2 月

目 录

第一章 绪论

1.1 研究背景和意义

第一，城市生态旅游在有效满足城市居民休闲游憩需要的同时，为城市生态化建设和旅游可持续发展提供了新的途径，因而将成为重要的发展趋势。

随着城市化进程的加快，各种生态问题的凸显、恢复城市的宜居性与城市化的理性发展成为世界范围内城市发展的共同议题。同时，急功近利的旅游发展模式令城市生态系统的平衡问题雪上加霜。城市生态旅游以城市及其周边区域内的生态旅游资源为依托，为游客和当地居民提供对城市自然和文化资源更多的欣赏机会，鼓励尊重和保存城市中资源和文化的多样性；支持当地经济和社区建设，从而保持资源的生态过程和文化延续，培养大众的生态伦理道德及意识。城市生态旅游是需求和供给两方"双赢"的健康旅游方式。一方面，它能够满足旅游者体验城市的自然风光和人文景观，感受城市作为旅游目的地与生态环境和谐统一的旅游需求；另一方面，在丰富生态旅游内容的同时，促进了旅游城市的环境保护和生态平衡。

第二，城市生态游憩空间体系的演化过程、机制及空间网络的结构特征是决定城市生态旅游功能实现与成效的关键。

城市生态旅游的游憩空间体系的演化发展阶段和系统完善的历程是决定城市生态旅游功能实现与否及其成效的关键。同时，由于这一空间体系包括自然生态旅游和人文生态旅游两类，其组成因素复杂（由具有较高生态价值的城市自然以及半自然和人工区域内的自然风光、地质遗迹、生物资源、生态观光休闲农业和人工生态景观等吸引物为主体），影响因子综合（包括城市居民和外来游客欣赏、体验和了解自然与文化的需要，发展当地经济、促进文化传承，同时维护城市环境生态平衡和促进环保观念传播的综合性）的游憩活动空间体系。这些城市生态游憩空间作为城市的生态基础设施，是城市空间结构的重要组成部分，其空间格局的优劣对于实现城市效应具有重大的影响。因此，有必要从战略的角度重视城市生态游憩空间格局的研究，通过对其演变历程、模式的研究揭示空间格局演化的规律。

第三，以上海市生态游憩空间为例的研究具有较强的典型性，具有理论意义、实践指导和示范价值。

上海作为国际化的旅游城市，拥有世界一流的国际国内市场和发展空间，同样拥有巨大的本地居民的市场机遇，充分利用和开发城市及市郊的生态旅游资源，不仅有利于丰富和提升上海城市旅游的产品，而且对于消化本市庞大的周末及假日旅游市场需求，繁荣上海旅游经济，带动相关旅游产业的发展都具有极大的实际意义。近年来，随着上海生态型城市建设的日趋成熟，城市公园、绿地、动植物园、郊野公园和自然生态保留地，以及具有独特历史文化价值的人文景观的整体环境质量得到了大幅度提升。本书以上海生态游憩空间为例的研究具有较强的典型性，其研究结果可以为上海的城市生态旅游的发展提供参考，对我国其他地区也具有积极的示范价值。

1.2　研究目标和研究内容

1.2.1　研究目标

（1）揭示城市生态游憩空间格局的演化特征和过程机制，构建可以体现城市生态游憩空间的游憩和生态服务等功能的综合评判指标框架，从而建立这一空间格局的动态管理的优化目标和模式。

（2）运用上述理论和方法的研究成果，通过以上海为个案的研究，为上海发展和优化城市生态游憩空间格局的模式选择提供合理的思路。

1.2.2　研究内容

（1）分析城市生态游憩空间的景观组分及其效应。研究将着力揭示使城市游憩景观生态组分及其空间结构在高频度和高强度的人工扰动下的组分、类型，以及其间相对的联系和受其影响的系统间的必要耦合关系的缺失状态，从而分析影响游憩景观生态网络的稳定性和持续性生态功能效应。

（2）探求城市生态游憩空间格局的类型及其结构和功能差异。城市游憩空间在宏观尺度上表现出单核、多核、带状、网络、星系和综合等多种模式，而其生态游憩空间格局存在多层次的结构类型和内部空间组合形式，从而决定了系统功能的差异性。本书将系统分析城市游憩空间格局的不同类型在结构上的体现形式，以及其在实现游憩、景观和生态服务功能上的差异。

（3）构建城市生态游憩空间格局的动态演化机制的理论框架。作为城市生态游憩的重要对象的生态景观空间的面积、自然要素的形态、景观水平的破碎化程度、连通度等均是随城市的发展呈现动态变化的，形成了不同形态和功能的空间模式。本书试图构建评判框架，通过科学客观地评判城市生态游憩空间格局的演变历程，找出其演化的规律。

（4）上海城市生态游憩空间格局的演化及模式选择。以上海为例，具体分析上海市的城市生态游憩空间的组分、类型及空间关系，进而揭示其空间格局的结构和功能，并根据游憩、景观和生态服务功能目标调整符合上海区域的评判框架，揭示其动态演变的过程和发展趋势，从而为上海发展和优化城市生态游憩空间格局的模式选择提供合理的方案。

1.3　国内外研究现状

生态旅游概念的内涵最初来自 Helzer（1965）所提出的生态性旅游，而由 Ceballos-Lascurain 于 20 世纪 80 年代末正式提出的生态旅游一词，主要是指在自然区域中实践发展与保护兼具的旅游行为。城市生态旅游是城市旅游业发展到一定阶段，城市旅游与生态旅游相结合的新型城市旅游开发模式。随着城市化的扩展、永续发展概念的持续与生态城市概念的普及，生态旅游探讨区域进一步拓展至城市中，从而产生城市生态旅游的概念。

国外自从 Blackstone Corporation（1996）发现城市地区的生态旅游开始成为热点，提出城市生态旅游概念，将其界定为：在城市内进行旅游和探索，使游客能欣赏和享受到城市的自然区域和文化资源，同时激发人们参与体育活动、知识性活动和社交体验的欲望，通过推动步行、骑自行车和使用公共交通工具长远地改善城市的生态状况，促进当地经济社会发展的可持续性，带动当地的遗产保护和文化艺术事业，使所有的人都能公平地了解这些资源。加拿大绿色旅游协会（2001）认为，在城市旅游中注重生态旅游原则在某种意义上来说对环境有更积极的作用，因为相对于郊野而言，城市更能吸纳旅游业的影响。但多数研究则发表于 2002 年国际生态旅游年后，也累积了数十篇相关文献。然而，由于城市生态旅游理念提出的初始，即定位为加拿大多伦多的城市观光倡导手册，以致后续相关研究仍承继这种观点，使其在定位上似与传统生态旅游理念有所背离。Buckley（2003）与 Robinson（2004）认为以自然资源为诉求推展的生态旅游，往往成为消费自然资源的伪生态旅游。既有的城市生态旅游文献也呈现两种面貌，其一在倡导城市具有推展生态旅游之资源，以城市营销为诉求；其二论及城市推展生态旅游对永续发展的实质意义。

随着城市化进程的加快、各种生态问题的凸显，恢复城市的宜居性与城市化的理性发展成为世界城市发展的共同议题。因而，在现代城市发展的趋势和人类对自然生态的渴求下，融合城市生活与亲近自然的共同诉求的城市生态旅游将种种质疑远远抛在身后，在有效满足城市居民休闲游憩需要的同时，为城市生态化和旅游可持续发展提供了新的途径。

在回顾国外既有生态旅游研究时，多将研究议题分为理论探讨、对自然环境冲击的研究、参与者知觉态度探讨、效益评估与管理准则建立等方面。然而，由于至今关于城市生态旅游相关文献相当有限，多数研究仍聚焦在初期的概念性论述，如 Weaver（1998）、Karl（2000）、Hingham & Lück（2002）、Hingham & Carr（2004）和 Fennell（2003）提出城市地区人为环境可作为生态旅游推广地区的观念及趋势。Dodds & Jopp（2001）、Dodds & Jopp（2003）与 Gibson et al（2003）研究了多伦多的城市生态旅游的发展潜力。Tsi-pidis（2004）透过城市旅游者的认知与态度，归纳城市旅游者对城市生态旅游理念的认同度与参与行为，并指出多数城市旅游者显示环境关怀、具有环境教育素养的特质，可符合传统对生态旅游者特质的认知。

综合而言，相关的研究方法涵盖定量、定性及结合两者；主要包括通过访谈、田野调查与统计方法探讨参与者的认知，而以评估、生态旅游认证、环境监测就资源面进行的分析，则多运用描述性统计分析（Tsipidis，2004；Dodds & Joppe，2003）。前者了解城市生态旅游者的行为模式，后者则由城市观光者观点，论证观光产业转向城市进行生态旅游活动的需求。另外，Wang & Wu（2006）运用新颖模糊数建构方式，初步归纳城市生态旅游特质，为比较新的方法尝试。实证研究比较有限，代表性的有 Tsipidis（2004）以英国爱丁堡绿带中的 Corstorphine Hill 地方自然保护区进行实证研究。而 Higham & Lück（2002）做了新西兰北岛奥克兰城市的赏鲸活动、南岛奥马鲁城市的蓝企鹅保护区与首都威灵顿的野生动物保护区作为城市生态实证效益的个案分析。其余提及实证地区的研究，则多以城市为单位，而以探讨整体城市之旅游资源为主。Dodds & Jopp（2001）、Dodds & Jopp（2004）与 Gibson et al（2003）等分析加拿大多伦多推展城市绿色旅游的过程，并从多伦多市广大的城市绿地、博物馆与文化遗产等资源出发提出旅程的生态化规划建议。

在我国，闲暇时间的游憩活动成为城市居民关注的焦点，而游憩空间研究也成为地理学和经济学家研究的热点。受到 Stansfield 和 Rickert（1970）提出游憩商业区（RBD）的概念、苏联地理学家 Preobrazensky 和 Krivosheyev（1982）发现的环绕城市周边的游憩地带、加拿大学者 Stephen L.J.Smith（1992）构建的游憩地理学理论，以及 Weaver（1993）发现的城市居民出游的类似于环城游憩带同心圈层结构等理论的影响，我国学者吴必虎（1998）提出了环城游憩带（ReBAM）理论。已有研究表明，城市游憩空间在宏观尺度上表现出单核、多核、带状、网络、星系和综合等多种模式。国内外游憩空间结构与格局研究多集中于宏观、描述性研究，定量化结论很少，多尺度微观格局研究更少。

国内的城市生态旅游近年来也受到学界越来越多的关注，在已有文献中，研究资源和产品开发等实证方面的代表性研究主要如下：丁华和高媛（2010）分析澳门城市生态旅游资源及开发城市生态旅游的基本措施；杨俐（2004）以上海市为例探讨如何发展城市生态旅游以促进城市环境资源存在质量的全面提升，建立以可持续发展为导向的城市旅游新模式；王建华和吴健生（2006）以深圳市宝安区石岩街道为例探讨城市生态旅游可持续发展策略；张红（2006）以长春市为例的城市生态旅游的初步研究；张江江（2008）以西安市为例的西部城市生态旅游研究；张晨和马英俊（2006）上海发展城市生态旅游分析；秦树辉（1999）以呼和浩特市为例的城市生态旅游景观的探讨；程道品和刘宏盈（2006）的桂林城市生态旅游及开发；常捷和杨洪全（2001）以濮阳市为例城市生态旅游及其形象策划和产品设计；苏亚瑜（2007）的城市生态旅游产品设计研究。此外，个别学者已经关注到城市生态旅游的环境问题，如王琦（2008）以厦门生态旅游环境评价为例进行了相关研究。

在城市生态旅游的空间结构的研究方面，主要表现为生态规划、空间尺度类型和形态特征、旅游系统区域分析等视角。如吴耀宇（2010）从"反规划"视角探讨构建城市森林景区生态安全格局以促进城市生态旅游的健康持续发展；孙萍（2009）在分析城市生态系统、城市旅游演进机制及城市旅游生态观的基础上，构建城市生态旅游系统的开发框架，并构建城市生态旅游系统评价指标体系，并以扬州凤凰岛生态旅游区为例进行实证分析；薛怡珍（2010）在空间尺度上，旅游空间包括从旅游点、旅游区到整个城市乃至区域等不同类型。在层次上，旅游空间表现为城市内单一旅游点或旅游区、相关的旅游点或旅游区的组合，甚至是与区域密切的协作。在形态上，可用轴点、路径、区域圈来描述不同的城市旅游空间形态。姬晓娜和赵新伟（2006）提出斑块—廊道—基质模式构成了城市生态旅游网络的思路。

总之，国内的城市生态旅游研究多数提及实证城市者，多仅提出城市生态旅游或城市生态旅游概念后，即开始从规划的角度论析该城市所具有的旅游资源，开发和产品策略等的较多，而对城市中生态游憩空间的整体格局分析关注较少，对于其发展演化的动态研究的讨论则更为薄弱。

第二章　城市生态游憩空间的类型和功能

2.1　概念和内涵

2.1.1　游憩的概念和内涵

游憩（Recreation）来源于拉丁语，意思是恢复更新，含有"休养"和"娱乐"两层意思。在我国的古代文学中"游憩"的核心含义是游览与休息，如《晋书·羊祜传》："襄阳百姓於岘山祜平生游憩之所建碑立庙，岁时飨祭焉"。北魏郦道元的《水经注·洹水》："渌水平潭，碧林侧浦，可游憩矣"。唐朝沈佺期的《绍隆寺》诗序："绍隆寺江岭最奇，去驩州城二十五里，将北客毕日游憩，随例施香。"明朝冯梦龙的《风流梦·二友言怀》："杜母高风不可攀，甘棠游憩在南安"等。

加拿大学者 Stephen L.J.Smith（1983）在其《游憩地理学》中这样论述："在实际应用中，游憩常常意味着一组特别的可观察的土地利用，或者是一系列的活动节目单。游憩还包括被称为旅游、娱乐、运动、游戏及某种程度上的文化等现象。"吴承照（1998）对游憩的现代意义和特征也进行了总结，主要包括：①非强制性；②是生活不可缺少的组成部分；③具有一定的道德标准；④是一种状态、过程和体验；⑤活动形式的多样性；⑥需要借助一定的外在载体进行；⑦多元共融性。保继刚（1999）在其所著的《旅游地理学》中提出：游憩一般是指人们在闲暇时间所进行的各种活动；游憩可以恢复人的体力和精力，它包含的范围极其广泛，从在家看电视到外出度假都属于游憩。

国内外还有许多诸如上述对游憩的理解。但不管是何种理解，基本上都将其限定在三个方面：闲暇时间、满足自我和休闲活动，只不过在活动范围上有所出入。目前在该研究领域，与"游憩"相似的概念还有"旅游"（Tourism）和"休闲（Leisure）"。对于三者之间的关系，王兴斌（1996）、保继刚（1999）、俞晟（2003）都对其进行了探讨。与"游憩"相比，"旅游"的一个显著特征如下：离开熟悉的环境（居住地和工作地）而进行的活动，活动的最终目的可以是益智，可以是消遣，也可以是愉悦身心。可以认为旅游是游憩的一种方式，旅游是在异地进行的游憩活动。"休闲"与"游憩"在基本内涵上相似，两者有时很难区分。游憩活动更倾向于户外的活动，更着重于它的游玩、健身和放松心情的功能。对三者的概念进行辨析可见（见图 2.1）：①在空间上，游憩不包括在居所内进行的活动，活动主要在户外距离居所一定距离的场所开展；而休闲则包括在居所内进行的活动，活动可同时在室内和户外开展；旅游是指离开居住地或工作地进行的活动，可以认为是在异地进行的游憩活动。②在时间上，在闲暇时间内开展的活动都可以认为是休闲；游憩更多的是指不过夜（即不超过 24 小时）的娱乐活动；而旅游多是指人们在目的地过夜的休闲行为。③在目的上，游憩、旅游、休闲活动都是以获得愉悦而不是经济报酬为目的。

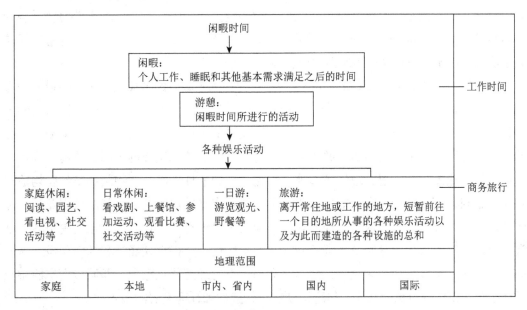

图 2.1 休闲、游憩和旅游之间的关系（保继刚，1999）

为了便于研究及应用，本书将"游憩"的外延界定如下：一方面，"游憩"中的"游"可基本等同于"旅游"，"憩"可基本等同于"休闲"。当然，"旅游"与"休闲"之间的关系不在我们这一定义的考虑范围内。另一方面，"景观"对于所在地居民而言，属"休闲"的对象；"景观"对于所在地之外的旅游者而言，属"旅游"的对象。因而，"游憩"从其外延来讲，可将"旅游""休闲""景观"等一系列概念纳入其范畴内。

2.1.2 城市生态游憩的内涵

游憩是基于城市、乡村、景区、度假区四类空间的基础上，进行的具有生态、文化、康体或游乐功能的，能够内在满足自我、外在实现休闲的活动的总和。因此，游憩按其功能可分为生态游憩、文化游憩、康体游憩和游乐游憩，以及前四类中的任意组合；按其空间可分为城市游憩、乡村游憩、景区游憩、度假区游憩四类。

城市游憩主要是指城市居民在城市附近的户外休闲娱乐活动，也是城市的一项基本功能。从 1933 年的《雅典宪章》开始，到近年来的新城市主义运动和绿色城市主义，以及生态城市和可持续城市发展的理念，近一个世纪西方国家的城市建设的经验和教训已经告诉我们，在城市的所有功能中，居住和生活是首要功能，其他功能都是为了人的生活而发生。所以，生活质量、人的需要是城市功能的最终衡量标准——作为自然人、社会人的生活场所和栖息地，即"宜居性"。作为自然人，我们需要有安全和健康的物质环境、干净的空气和水、与自然接触的机会，需要有健康的食物与舒适的庇护；作为社会和文化的人，城市需要提供公平的机会、秩序的社会结构，人与人交流的场所，给人认同感和归属感，提供教育和气质的氛围、审美的体验等。

城市游憩空间是由城市游憩物质空间和城市游憩行为空间耦合而成的空间体系，表现为游憩景观。但是为了更准确地反映城市游憩空间的内涵，它是由城市游憩物质空间与城市游憩社会－经济空间耦合而成的空间体系（秦学，2006）。城市生态游憩空间是城市居民及旅游者进行城市生态游憩或旅游活动的空间。

早期的地理学家 Walter Christaller（1963）曾提到"旅游的本质决定了它会避开中心地区，偏爱城市以外的、以自然资源为依托的地方"。这主要是由于城市的城市化和人口过度拥挤，通过旅游的远足使人们得到更高质量的生活状态。然而，近年来城市地区的生态旅游已经逐渐成为热点，并受到了广泛的关注。现代城市的公园、绿地、高尔夫球场、排水泄湖和蓄洪池、垃圾填埋处、特色建筑和遗址，以及动物园和植物园均适于发展生态旅游。在城市中进行的生态旅游具有更加丰富的现实意义，其以城市及其周边区域内的生态旅游资源为依托，为游客和当地居民提供对城市自然和文化资源更多的欣赏机会，鼓励尊重和保存城市中资源和文化的多样性，支持当地经济和社区建设，从而保持资源的生态过程和文化延续，培养大众的生态伦理道德及意识，即城市生态旅游强调存在于城市中的自然、文化、体育活动、可持续性和社区发展的重要性。

Blackstone Corporation（1996）最早正式提出城市地区的生态旅游，并将其明确界定为在城市内进行旅游和探索，使游客能欣赏和享受到城市的自然区域和文化资源，同时激发人们参与体育活动、知识性活动和社交体验的欲望，通过推动步行、骑自行车和使用公共交通工具长远地改善城市的生态状况，促进当地经济社会发展的可持续性，带动当地的遗产保护和文化艺术事业，使所有人都能公平地了解这些资源。这也是目前对城市生态旅游概念较为一致的概念表述，其也体现了生态旅游的基本原则，即生态责任、地方经济活力、文化敏感性和体验丰富性。国际城市生态旅游会议（2004）中，明确提出城市生态旅游的四项目标：第一，修复和保存自然与文化遗产，包括自然景观、生物多样性与本土居民文化；第二，最大化地方利益，且将地方社区视为所有权人、投资者和指导者；第三，对旅客与居民的环境、遗产资源与可持续的教育；第四，减少生态足迹损耗。

2.2 城市生态游憩空间的类型和形态

2.2.1 城市生态游憩空间的范畴

大部分学者均认可城市中自然生态系统是城市生态游憩的主体空间基础。但生态旅游内涵的日益扩充，由原来的自然生态逐步拓展到人文生态，一些具有特殊价值的文化古迹和遗产等均包含进生态旅游的适宜发展区域；同时，城市集聚了众多独具特色的自然和人文景观，因而，相对于纯粹的自然荒野而言，城市生态旅游具有更丰富、更多元化的资源基础。同时城市更能吸纳旅游业的影响，加之稳定的市场需求，这些都将为城市生态旅游带来广阔的发展空间和前景。因此，对于城市生态游憩空间的范围和类型的界定出现了两种观点。

第一是以整体城市作为城市生态游憩的空间范围，强调城市的自然与文化资源的整合，以及整体旅游活动过程的生态化趋势；换言之，此种观点在于强调城市旅游的持续经营。其与传统城市旅游的主要差别是其更强调生态性资源的重要性，更着重环境保育的议题。支持这观点的以多伦多绿色观光组织（TGTA）为代表，其以整体多伦多城市绿色地图（Green Map）建构为基础，寻求在丰富游客旅游体验的过程时，降低对生态环境的冲击。

第二是强调城市绿地或者潜在绿地作为生态旅游推展的可能性，而非以整体城市进行论述。以 Lawton & Weaver（2001）为代表，其提出城市中可以发展生态旅游的地区有公园、高尔夫球场、公墓、潟湖、滞洪池、垃圾掩埋场、高层大楼、动植物园。就城市生态旅游定义而言，其内涵是一致的，即均寻求丰富旅客体验、提升社区效益，以及兼顾环境的永续。

两者最大的差别在于生态旅游资源界定的涵盖范围，前者将城市视为一体，所以，博物馆、古迹、历史建筑、庆典活动乃至城市遗产与城市绿地空间等均可被纳入城市生态旅游的供给的界定范围。后者则坚持生态旅游以自然旅游为基础的原则，景观将为恢复的自然景观或者人工建构的绿地纳入探讨，但仍聚焦在城市绿地，而未无限扩张至整体城市的范围。本书将综合两种观点作为城市生态游憩空间的范畴，即将城市中自然生态和人文生态两类生态旅游资源体系包括在内，但以城市绿地或者潜在绿地作为主要研究对象。

2.2.2　城市生态游憩空间的类型

1.城市绿地

（1）城市绿地。城市绿地是指用以栽植树木花草和布置配套设施，基本上由绿色植物所覆盖，并赋以一定的功能与用途的场地。城市绿化能够提高城市自然生态质量，有利于环境保护；提高城市生活质量，调节环境心理；增加城市地景的美学效果；提升城市经济效益；有利于城市防灾；净化空气污染。其主要包括六大类型：公共绿地、居住区绿地、交通绿地、附属绿地和生产防护绿地、位于市内或城郊的风景区绿地（包括风景游览区、休养区、疗养区等）。其中，可用于城市生态游憩空间的主要有公共绿地（包括城市公园、街头绿地和滨水景观绿地）、居住区绿地、风景区绿地三类。

（2）城市公园。城市公园的传统功能主要就是满足城市居民的休闲需要，提供休息、游览、锻炼、交往，以及举办各种集体文化活动的场所。现代城市公园在改善生态和预防灾害方面的功能得到了加强。现代城市充斥着各种建筑物，过于拥挤，存在缺乏隔离空间、救援通道等问题，城市公园的建设则是一个一举多得的解决办法。随着城市旅游的兴起，许多知名的大型综合公园以其独特的品位率先成为城市重要的旅游吸引物，城市公园也起到了城市旅游中心的功能。城市公园有生态功能、空间景观功能、防灾功能、美育功能等。城市公园融生态、文化、科学和艺术为一体，符合人对环境要求的生态准则，能更好地促进人类身心健康，陶冶人们的情操，提高人们的生活质量。

（3）街头绿地。街头绿地是指道路红线以外、沿街布置面积不大的开放性公共绿地。转盘、花园、广场均为街头绿地，其主要功能是装饰街景、美化城市、提高城市环境质量，并为游人及附近居民提供游憩、休息的场所，其与城市公园最明显的区别就在于面积。

（4）滨水景观绿地。滨水一般是指同海、湖、江、河等水域濒临的陆地边缘地带。水域孕育了城市和城市文化，成为城市发展的重要因素。世界上知名城市大多伴随着一条名河而兴衰变化。城市滨水区是构成城市公共开放空间的重要部分，并且是城市公共开放空间中兼具自然地景和人工景观的区域，其对于城市的意义尤为独特和重要。营造滨水城市景观，即充分利用自然资源，把人工建造的环境和当地的自然环境融为一体，增强人与自然的可达性和亲密性，使自然开放空间对于城市、环境的调节作用越来越重要，形成一个科学、合理、健康而完美的城市格局。

（5）居住区绿地。绿地即种植绿色植物的场地，还包括绿地上的活动场地、小建筑、小品和步行小径等。居住区绿地是城市绿地系统的重要组成部分，它在城市用地中占比例大，其布置直接影响居民的日常生活。居民在居住区内生活、休息、活动的时间最长，直接影响居民的身心健康，居住区绿地是居民利用率最高的绿地。居住区绿地包括居住区游园、居住小区游园、组团绿地、宅旁绿地、居住区公建庭园绿地和居民区道路绿地等。

（6）风景区（风景名胜区）。风景区是指风景资源集中、环境优美、由自然或人文历史组成的名胜古迹，具有一定的规模和游览条件，可供人们游览欣赏、休憩娱乐或进行科学文化活动的地域。

2. 自然保护区

按照保护的主要对象来划分，自然保护区可以分为生态系统类型保护区、生物物种保护区和自然遗迹保护区 3 类；按照保护区的性质来划分，自然保护区可以分为科研保护区、国家公园、管理区和资源管理保护区 4 类。不管保护区的类型如何，其总体要求是以保护为主，在不影响保护的前提下，把科学研究、教育、生产和旅游等活动有机地结合起来，使它的生态、社会和经济效益都得到充分展示。

自然保护区保留了一定面积的各种类型的生态系统，可以为子孙后代留下天然的"本底"。这个天然的"本底"是今后在利用、改造自然时应遵循的途径，为人们提供评价标准及预计人类活动将会引起的后果。保护区是生物物种的贮备地，又可以称为贮备库，它也是拯救濒危生物物种的庇护所。自然保护区是研究各类生态系统自然过程的基本规律、研究物种的生态特性的重要基地，也是环境保护工作中观察生态系统动态平衡、取得监测基准的地方，同时它也是教育实验的好场所。

3. 城市农用地和湿地水域

（1）农用地。农用地是用于农业生产的土地，包括耕地、园地、林地、牧草地，以及畜禽饲养地、设施农业用地、农村道路、坑塘水面、养殖水面、农田水利用地、田坎和晒谷场等用地。以城市居民为主要对象的休闲农业（观光农业）是利用农业景观资源和农业生产条件，发展观光、休闲、旅游的一种新型农业生产经营形态；也是深度开发农业资源潜力，调整农业结构，改善农业环境，增加农民收入的新途径。在综合性的休闲农业区，游客不仅可观光、采果、体验农作、了解农民生活、享受乡土情趣，而且可住宿、度假、游乐。

（2）湿地。湿地包括沼泽、滩涂、低潮时水深不超过6米的浅海区、河流、湖泊、水库、稻田等。水域是指江、河、湖、海从水面到水底的一定范围。城市湿地和水域的生态服务功能是多方面的，它可作为直接利用的水源或补充地下水，又能有效控制洪水和防止土壤沙化，还能滞留沉积物、有毒物、营养物质，从而改善环境污染；它能以有机质的形式储存碳元素，减少温室效应，保护海岸不受风浪侵蚀，提供清洁方便的运输方式。湿地和水域还是众多植物、动物特别是水禽生长的乐园，同时又向人类提供食物、能源、原材料和旅游休闲场所，是人类赖以生存和持续发展的重要基础。

4. 城市历史文化景观

（1）城市遗产和古迹。城市遗产和古迹是指城市中建成的历史文化遗产，是先民在历史、文化、建筑、艺术上的具体遗产或遗址，包含古建筑物、传统聚落、古市街，考古遗址及其他历史文化遗迹，即能够体现一个城市历史、科学、艺术的具有传统和地方特色的街区、历史环境和历史建筑物等。它是城市机体的重要组成部分，往往曾是城市中最活跃、最具有生机的部分。

（2）历史文化街区。历史文化街区是指经省、自治区、直辖市人民政府核定公布的保存文物特别丰富、历史建筑集中成片、能够较完整和真实地体现传统格局和历史风貌，并有一定规模的区域。《文物保护法》中对历史文化街区的界定如下：法定保护的区域，历史文化街区重在保护外观的整体风貌。不但要保护构成历史风貌的文物古迹、历史建筑，还要保存构成整体风貌的所有要素，如道路、街巷、院墙、小桥、溪流、驳岸乃至古树等。历史文化街区也是一个成片的地区，有大量居民在其间生活，是活态的文化遗产，有其特有的社区文化，不能只保护那些历史建筑的躯壳，还应该保存它承载的文化，保护非物质形态的内容，保存文化多样性。

（3）城市广场。城市广场是一个可让人们聚会休息的空间，同时也是人们逃离城市喧嚣的地方。广场按功能分为公共活动广场、集散广场、交通广场、纪念性广场和商业广场，兼有几种功能的称为综合性广场。具备生态游憩功能的广场主要是公共活动广场和纪念性广场。公共活动广场有较大的场地供群众集会、游行、节日庆祝联欢等活动之用，通常设置在有干道联通，便于交通集中和疏散的市中心区，其规模和布局取决于城市性质、集会游行人数、车流人流集散情况及建筑艺术方面的要求。纪念性广场建有重大纪念意义的建筑物，如塑像、纪念碑等，在其前庭或四周布置园林绿化，供群众瞻仰、纪念或进行传统教育，如南京中山陵广场。

2.2.3 生态游憩空间的形态

表 2.1 所示为生态游憩空间的形态。

表 2.1 生态游憩空间的形态

形态特点	主要类型
点（节点）	居住区绿地、街头绿地、景观小品
线（廊道）	林荫道、公园道、沿河湖的绿带、文化遗产廊道
面（斑块）	自然公园、自然保护区、大型景观广场、水域和湿地、农田和林地

生态游憩空间的形态主要有点（节点）、线（廊道）和面（斑块）三类。

点（节点）形态的生态游憩空间主要包括面积较小的居住区绿地、街头绿地和城市生态景观小品。在网络拓扑学中，节点是网络任何支路的终端或网络中两个或更多支路的互连公共点。节点在风景园林中是指某个大环境中的一个突出而显著的点或者一段。一般而言，门口、建筑物前、道路与道路相交处、广场、人员集散地等都可以称为节点，在实现生态效益的基础上，强调艺术效果和综合功能。景观中的节点也是一个视线汇聚的地方，也就是在整个景观轴线上比较突出的景观点，景观节点往往在整个景观设计中起画龙点睛的作用。

线（廊道）形态的生态游憩空间主要包括林荫道、公园道、沿河湖的绿带、文化遗产廊道。从旅游角度讲，主要表现为旅游功能区之间的林带、交通线及其两侧带状的树木、草地、河流等自然要素，有 3 种类型：区间廊，指旅游地与客源地及四周邻区的各种交通方式、路线与通道；区内廊，指旅游地内部的通道体系；斑内廊，指斑块之间的联络线，如景点的参观路线。廊道是线性的，不同于两侧基质的狭长景观单元，具有通道和阻隔的双重作用。所有的景观都会被廊道分割，同时又被廊道连接在一起，其结构特征对一个景观的生态过程有强烈的影响。

面（斑块）形态的生态游憩空间主要包括：自然公园、自然保护区、大型景观广场、水域和湿地、农田和林地。斑块是指不同于周围背景的、相对均质的非线性区域。从旅游景观资源上讲，指自然景观或以自然景观为主的地域，如森林、湖泊、草地等。斑块是有尺度的，与周围环境（基底）在性质上或外观上不同的空间实体。斑块还可指在较大的单一群落中散落分布的其他的小群落，是由自然因素造成的。斑块的格局是斑块在空间上的分布、位置和排列，多个斑块的分布则可能是随机的、规则的或聚集的。

2.3 生态游憩空间的功能与格局差异

由于目前大多数城市的结构均以人及其社会经济要素的流动为中心而构建，以城市绿地为主的城市生态游憩空间布局分散、可达性低，城市生态绿地景观的自然生态过程与景观格局的联系未被重视，疏于维护，生态空间系统网络难以形成，城市生态游憩空间的社会经济和生态环境效益未能有效发挥。国内外通过对城市绿地环境效应的分析发现，当绿化覆盖率小于 40% 时，城市绿地生态系统的内部结构和空间布局状况对于整个城市绿地生态系统总体生态效益的发挥更为重要。许多学者也认为城市生态空间的景观格局应作为衡量城市空间分布合理性及城市绿化水平的指标，其主要依据和目的就在于发挥绿地系统最大的生态效益。

2.3.1　生态功能与格局差异

城市生态绿色空间的主要功能是生态服务，主要有吸碳供氧、降低噪声、降温增湿、吸收有害气体、滞尘杀菌，维持生物多样性等能力。城市绿地的生态功能依赖于植物个体、群落、生态系统和景观 4 个不同尺度上的空间合理性。植物个体尺度上，不同树种的滞尘、分泌杀菌素、吸收有害气体的能力不同。群落尺度上，相同种植结构的片状绿地的生态效益大于带状绿地，无论是片状绿地还是带状绿地，复层结构的生态效益大于单层结构。不同类型的绿地在增加生物多样性、改善环境能力、疏导交通、维持群落稳定性等方面具有一定的差异，其中森林绿地的综合生态效益高于草坪；群落结构不同，滞尘效果也有很大差异，其中乔木为主的结构滞尘效果比专类园和观赏草坪的效果好，多行复层绿带的滞尘率比单行乔木绿带的滞尘率高；绿带群落的结构明显影响降低噪声的程度，其高度、宽度和郁闭度与噪声的衰减值呈显著正相关，在其他条件相同的情况下，高度越高，宽度、郁闭度越大，则噪声衰减。生态系统尺度上，城市绿地的空间格局对城市中动物、微生物的生存、保护至关重要。研究表明绿地的面积和绿色廊道的连通性对保护濒危生物、增加城市中生物多样性具有重要意义。

2.3.2　休闲游憩功能与格局差异

以绿色生态空间为主的城市生态游憩空间格局的差异直接影响其休闲游憩功能。居民休闲娱乐和文化教育对维护居民的身心健康有着至关重要的作用。绿色生态空间能提高居民的舒适度，消除疲劳。在空间上的分布和格局也极大地影响其使用功能，分布合理，居民可方便、平等地享受自然资源，否则，绿地很难发挥其使用功能。游憩空间与居民生活息息相关，格局分布合理的绿地能使人们身心放松。绿色植物本身具有色彩、质感和形态美，利用植物美的特性进行配置，从城市总体水平上合理布置绿地空间格局，能提高城市景观质量，美化城市，给当地城市居民和外地游客带来美的享受。城市生态游憩空间也提供了城市居民沟通、交流、集体体验等共同活动的场所，有助于培育人类社会良好的人文精神。

2.3.3　组织城市空间功能与格局差异

城市的生态空间是城市的有效组成部分，反映了城市自然属性，是体现促进城市自然特色的主要成分。人类利用城市生态空间改善城市环境，塑造城市特色，具有界定城市空间、生态、使用和美学价值等综合功能。城市生态空间的这些功能，都与其空间格局息息相关。城市绿地空间格局直接反映城市形态，能有效组织城市空间，创建城市特色。这项功能主要通过城市中的绿色廊道和绿色斑块的空间布局来实现。绿色廊道（行道树、绿带）的整体结构对塑造城市整体形态至关重要，自然廊道（河流、植被带、公园绿地、农田等）可限制城市无节制的"摊大饼"发展。大伦敦的绿带与农村环带，界定了伦敦中心城区与周围卫星新城，环形绿带呈楔入式分布，并通过绿楔、绿廊和河道等，将城市各级绿地连成网络，形成大伦敦的格局。

2.4 小结

第一，游憩一般是指人们在闲暇时间所进行的各种活动；城市游憩主要是指城市居民在城市附近的户外休闲娱乐活动，是城市的一项基本功能。城市游憩空间是由城市游憩物质空间和城市游憩行为空间耦合而成的空间体系。城市生态旅游是以城市及其周边区域内的生态旅游资源为依托，强调存在于城市中的自然、文化、可持续性和社区发展的重要性。

第二，城市生态游憩空间的范畴，包括自然生态和人文生态两类。城市生态游憩空间主要有城市绿地（公共绿地、居住区绿地和风景区绿地）、自然保护区、城市农用地和湿地水域、城市历史文化景观四类。

第三，生态游憩空间的形态主要有点、线和面三类。点（节点）形态的生态游憩空间主要包括面积较小的居住区绿地、街头绿地和城市生态景观小品；线（廊道）形态的生态游憩空间主要包括林荫道、公园道、沿河湖的绿带、文化遗产廊道；面（斑块）形态的生态游憩空间主要包括自然公园、自然保护区、大型景观广场、水域和湿地、农田和林地。

第四，城市生态游憩空间具有生态环境、休闲游憩和组织城市空间等功能，其空间格局的差异决定了这些功能是否能够实现及实现的程度。构建生态稳定性强和景观连接度好的空间格局是城市生态游憩空间格局整合和优化的目标，也是更好地发挥其各方面功能的前提。

第三章 理论基础及经验案例

3.1 相关理论基础

3.1.1 生态旅游的理论

1. 生态旅游的内涵和产品

生态旅游的产生是基于对传统旅游的反思：一是全球生态环境的恶化引起人类对环境质量的普遍关注；二是旅游的盲目发展造成的旅游环境衰退而引发的人们对传统大众旅游方式的反思与矫正；三是旅游需求的变化及旅游动机的转变。"生态旅游"一词是由世界自然保护联盟（IUCN）生态旅游特别顾问凯布罗斯·拉斯库莱恩于 1983 年首先提出，认为生态旅游不仅是指所有观赏自然景物的旅行，而且强调被观赏的景物不应受到损失。生态旅游的开展应以生态产品（包括自然生态和人工生态）为核心，具有环境保护、经济发展和生态教育三方面的功能。较之传统旅游产品而言，生态旅游产品应注重体现和挖掘生态的内容，为实现生态旅游在生态教育、环境保护与经济发展的功能提供生态学的支持。

生态旅游具有自然与文化的融合、文明与科学的传播、保护与开发的协调、财富与科技的补偿等方面的重要功能。针对发展中存在的问题，如由过度开发造成的生态环境恶化、传统历史文化氛围消逝与泯灭；市场地位的不平等和产品设计、组织管理等问题导致的经济渗漏和利益分配的失衡，以及专注经济效益而忽视生态旅游的科普教育，等等。因而，环境生态化、科学大众化、经济平衡化和利益社区化等将成为生态旅游健康发展应遵循的重要原则。为此，从生态学的角度考虑和开发生态旅游的产品，可以有效地实现其生态和社会价值，主要包括的内容有：

第一，生态类型。地理环境的空间异质性决定了生态类型及其组成的多样性，这些均可以成为生态旅游的产品，在自然环境中展示各种生态类型及其特征和内部机理可以成为生态科普教育的内容。如草地生态系统、森林生态系统、河流生态系统、海洋生态系统湿地生态系统等自然生态系统、城市和农田等人工 – 自然复合生态系统等。

第二，生态过程。由于气候等生境条件的变化而造成的自然界生态系统的正向或逆向演替，以及生物的生命过程等生态学过程是揭示自然界中的发展规律和内在关系的重要体现。如通过调节温度、湿度，人工进行蚕、蝴蝶等昆虫的孵化和养育，使其奇妙的蜕变过程成为生态特色的旅游产品。植被演替和内部植被类型的变化与其生境变化的关系可为旅游者的生态环境教育提供鲜活的生态事例，有助于培养具有环境意识的旅游者。

第三，生态关系。正确地认识和理解生态系统中各层次的生态关系，理解人类与自然的关系是建立和谐的人地关系和可持续发展的基础。生态系统中的食物关系（食物网）是其他生态关系的基础，如竞争、共生、互利等生态关系，如豆科植物与根瘤菌（内生）、地衣和藻菌共生体、蚂蚁与树胶的共生、牛椋鸟与河马的互利等关系和现象均生动地体现了紧密的生态关系。生态关系以丰富的内容和深刻的生态价值成为理想的生态旅游产品。

第四，生态（服务）功能。生态（服务）功能一般是指生命支持功能（如净化、循环、再生等）和生态系统所提供的产品的总和。科学和全面地认识生态系统的（服务）功能有助于形成生态意识，并更好地保护和利用生态环境。如湿地以其多样性的生物、独特质朴的景观和文化成为新兴生态旅游目的地，在强调保护的同时，设置人工湿地降解污染的环节，并提供设施、设备引导旅游者参与进行水质等数据的监测活动，可以让旅游者在感受生态之美的同时理解湿地特征、功能，形成保护湿地的意识。

第五，生态后果。生态旅游可以充分发挥其教育功能，唤醒人类珍惜自然、爱护环境的家园意识。这应该是甄别生态旅游资源的先决条件。生态后果的展示是重要的内容。从这个意义上说，生态旅游资源不仅应包括保护完好、环境优美的国家公园和自然保护区；同时一些退化的生态系统，作为反面的典型，也应该算作生态旅游资源的范畴，如我国的黄土高原、沙漠戈壁等。这种退化的景观给我们的不应该只是简单的粗犷之美，更应该挖掘反面典型的教育意义，让旅游者在更深、更高的层次上去思索和理解自然，达到生态环境教育的目的。

2. 生态旅游管理和优化的生态学途径

生态旅游的管理对象主要包括生态旅游资源和生态旅游者，如何合理利用资源，在资源的持续利用与承受能力的基础上，最大限度地满足生态旅游者的需求，促进生态旅游区环境保护与包含生态旅游业在内的社区经济的可持续发展，是生态旅游区管理的核心问题。目前不少地区旅游资源开发和旅游环境建设中存在很大的盲目性和随意性，致使旅游资源和生态环境破坏严重。所以，生态旅游活动和产业的发展必须以生态学思想为指导。生态学可在旅游自然景观的生态评价、旅游活动后果的生态分析及旅游自然景观的规划和管理等方面发挥作用。

生态学将从生态评价、生态规划、生态监测与预警、生态教育等方面为生态旅游管理提供途径，这些与传统旅游管理的内容相结合，将对生态旅游的管理提供更为科学和全面的管理方法，具体程序和内容如图3.1所示。

第一，生态旅游评价。区域旅游资源评价是进行旅游开发的基础工作之一。但鉴于生态旅游以保护生态环境为基础这一特殊性，在生态旅游开发和规划前进行系统的生态评价工作十分必要。系统和完整的生态评价将明确区域内的生态资源环境现状、生态系统的健康水平、潜在的生态风险、生态敏感度和脆弱度及它们在区域内的时空分异特征，这些成果与旅游评价工作相结合，便可为生态旅游开展的可行性分析提供更为科学和全面的依据。切实保护那些敏感的、脆弱的和生态价值高的区域和生物物种及其生境，避免旅游开发等人为活动的干扰和破坏。环境影响评价将在旅游开发方案选择时从生态学的角度给出重要的参考标准。

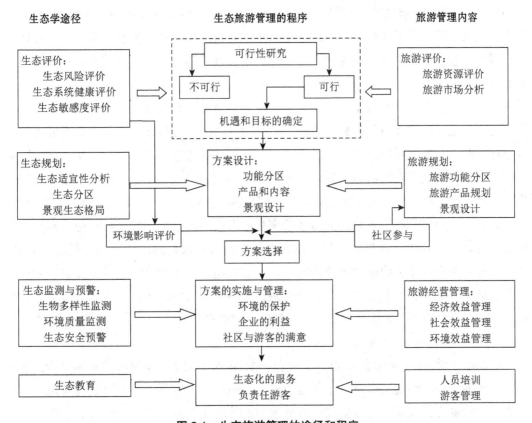

图3.1　生态旅游管理的途径和程序

第二，生态旅游规划。对生态旅游地进行科学规划，以最大限度地保持自然景观和物种生境的完整性。目前加拿大的生态旅游规划多采用五层规划模式，从内到外分为特别保护区、原野区、自然环境区、旅游区及公园服务区。我国根据自然保护区的实际情况一般分为三个功能区：核心区、缓冲区和实验区，比较接近欧洲的划分。这些都在一定程度上体现了生态旅游规划中的生态保护的观念。吕永龙（1998）从实践中提出了生态旅游规划的主要原则：生态旅游规划是涉及旅游者的旅游活动与其环境间的相互关系的规划，是应用生态学的原理和方法将旅游者的旅游活动和环境特征有机地结合起来，进行旅游活动在空间环境上的合理布局。因此，为了使生态旅游规划很好地达到保护环境和旅游活动的双重目标，很有必要将生态规划的方法与传统旅游规划相结合。以生态适宜性分析为基础的生态分区规划和景观生态格局的分析和规划，结合传统旅游规划工作的旅游旅游功能分区、旅游产品规划和景观设计，可以为生态旅游区规划提供很好的依据，如功能分区、产品和内容、景观设计的方案。

第三，生态监测与预警。由于生态旅游的影响是复杂多变的，因此，生态旅游区必须建立一套完善的监测机制，并以生态旅游标准体系为基础选择合理的监测因子，对其生态和社会经济环境进行定期监测，根据出现的问题调整管理方法与实施对策，确保生态环境健康和社会经济的可持续发展。具体可以通过生物多样性监测、环境质量监测、生态安全预警等方面的工作，结合旅游经营中的经济效益管理、社会效益管理、环境效益管理的过程，以实现生态的保护、企业的利益及社区与游客的满意等多目标的生态旅游的发展。

第四，生态教育。通过生态旅游，使游客走向自然，在自然中学习和认识自然的价值，达到自觉地保护环境的目的。生态旅游所强调的主要是传统旅游所没有充分重视的生态环境教育功能。可以认为生态教育既是生态旅游区的重要功能，又是生态旅游区管理的重要途径。生态教育可以体现在三方面，一是旅游者主动参与，生态旅游产品和资源对旅游者的生态知识和生态文化的教育，即游客的主动教育；二是旅游者被动接受的，生态旅游区的物质与非物质设施的游客管理系统对旅游者行为的约束和规范，即游客的被动教育。前者是生态教育，实现生态旅游的生态科普教育的功能；后者是环境教育，体现生态旅游在生态文明的社会意识的塑造中的作用，二者均有助于培养负责任的旅游者。三是生态化的服务既是生态教育的结果，又是生态教育的手段。因此，在生态旅游区重视从业人员的生态教育和培训，将起到事半功倍的效果。

3.1.2 景观生态学理论

景观生态学（Landscape Ecology）是在 1939 年由德国地理学家特洛尔提出的，是一门新兴的多学科之间交叉学科，主体是生态学和地理学。它是以整个景观为对象，通过物质流、能量流、信息流与价值流在地球表层的传输和交换，通过生物与非生物，以及与人类之间的相互作用与转化，运用生态系统原理和系统方法研究景观结构和功能、景观动态变化及相互作用机理、研究景观的美化格局、优化结构、合理利用和保护的学科。

1. 景观异质性与异质共生理论

景观异质性的理论内涵如下：景观组分和要素，如基质、镶块体、廊道、动物、植物、生物量、热能、水分、空气、矿质养分等，在景观中总是不均匀分布的。由于生物不断进化，物质和能量不断流动，干扰不断，因此，景观永远也达不到同质性的要求。日本学者丸山孙郎从生物共生控制论角度提出了异质共生理论。这个理论认为增加异质性、负熵和信息的正反馈可以解释生物发展过程中的自组织原理。在自然界生存最久的并不是最强壮的生物，而是最能与其他生物共生并能与环境协同进化的生物。因此，异质性和共生性是生态学和社会学整体论的基本原则。

斑块－廊道－基质模型是构成景观空间结构的一个基本模式，也是描述景观空间异质性的一个基本模式。斑块指一般用斑块性质、斑块数目、斑块大小、斑块形状等指标描述的生态学意义。廊道的功能由连接度、环度、曲度、间断等度量。基质是景观中面积最大、连接性最好的景观要素类型。斑块－廊道－基质模型是景观生态学用来解释景观结构的基本模式，普遍适用于各类景观，包括荒漠、森林、农业、草原、郊区和建成区景观（Forman and Godron，1995），景观中任意一点或是落在某一斑块内，或是落在廊道内，或是在作为背景的基质内。这一模式为比较和判别景观结构、分析结构与功能的关系及改变景观提供了一种通俗、简明和可操作的语言。

2. 景观生态安全格局理论

生态安全格局指景观中存在某种潜在的生态系统空间格局，它由景观中的某些关键的局部，以及其所处方位和空间联系共同构成。生态安全格局对维护或控制特定地段的某种生态过程有着重要的意义。不同区域具有不同特征的生态安全格局，对它的研究与设计依赖于对其空间结构的分析结果，以及研究者对其生态过程的了解程度。研究生态安全格局的最重要的生态学理论支持是景观生态学，而将现代景观生态学理论创造性地与现代城市规划、城市设计理论与实践相结合，则是生态安全格局的难点，也是生态规划的要点所在。景观生态学将空间格局、生态学过程和尺度等相结合，提出了生态安全格局的理论。欧洲的景观生态学理论强调土地和景观规划、管理等诸多内容，而北美的生态学理论则强调空间格局、过程与尺度的研究，它们的结合形成了现代景观生态学鲜明的可应用价值，从而为我国的生态规划提供了重要的理论与实践依据。

3. 生态基础设施理念

生态基础设施（Ecological Infrastructure）的概念最早见于联合国教科文组织的"人与生物圈计划"（MAB）的研究。1984年，在MAB针对全球14个城市的城市生态系统研究报告中提出了生态城市规划五项原则，其中生态基础设施表示自然景观和腹地对城市的持久支持能力。相隔不久，Mander（1988）和Selm（1988）等人从生物保护出发，用此概念标识栖息地网络的设计，强调核心区、廊道等部分作为生态网络（Ecological Network）在提供生物生境及生产能资源等方面的作用。此后，生态基础设施及生态网络的思想在欧洲得到了较多的应用（Jongman，1995；Fleuury and Brown，1997；van Lier，1998；Hein，2002；Heijligers，2001）。Beatly（2000）则用此概念泛指城市建成区域相对应的自然区域。

相对于作为自然系统基础结构的生态基础设施概念，生态基础设施的另一层含义是"生态化"的人工基础设施。认识到各个人工基础设施对自然系统的改变和破坏，如交通设施被认为是导致景观破碎化、栖息地丧失的主要原因（Forman，1995；Serrano and Sanz，et al，2002），人们开始对人工基础设施采取生态化的设计和改造，来维护自然过程和促进生态功能的恢复，并将此类人工基础设施也称为"生态化的"基础设施，或者"绿色"基础设施（"绿色"即强调生态化）。北美及欧洲的许多城市都在开展实施"绿色"基础设施计划。如纽约生态基础设施研究（New York Ecological Infrastructure Study，NYEIS），涉及气候、能量、水文、健康及政策和成本效益等方面。加拿大卡尔加里于

1996 年在 Elbow Valley 建立用于水体净化和污染处理的实验性人工湿地，并在其 *Nature as In Frastructure* 的报告中强调了生态基础设施在生态及教育方面的巨大意义。

EI 思想的启发意义体现在强调从单纯的"保护"开始走向利用 EI 来引导城市的开发，从而实现"EI 导向城市发展"途径。对于诸如湿地等相对自然程度较高的自然基底的规划，则应当更加注重其生态服务功能的关键性价值，即将其作为生态基础设施，在整个系统中的地位和作用，保证更为充分地发挥生态功能。生态基础设施是维护生命、土地安全和健康的关键性空间格局，是城市和居民获得持续的自然服务（生态服务）的基本保障，是城市扩张和土地开发利用不可触犯的刚性限制。生态基础设施从本质上讲是城市的可持续发展所依赖的自然系统，是城市及其居民能持续获得自然服务的基础，这些生态服务包括提供新鲜空气、食物、体育、游憩、安全庇护，以及审美和教育等。它包括城市绿地系统的概念，更广泛地包含一切能提供上述自然服务的城市绿地系统、林业及农业系统、自然保护地系统，并进一步可以扩展到以自然为背景的文化遗产网络（俞孔坚、李迪华和李伟，2004）。

在此基础上，俞孔坚等（2004）提出反规划的思路，认为不过分依赖于城市化和人口预测作为城市空间扩展的依据，而是在维护生态服务功能的前提下进行城市空间的布局。反规划理论的核心在于遵循可持续发展和人与自然和谐的理念，在规划程序上实施逆向规划。如果把城市与环境比作"图"与"底"的关系，那么传统规划理论是将城市当作"图"，环境当作"底"来设计的；而反规划理论则是"图—底"易位，将环境作为"图"先行设计。

3.2　国内外的实践和经验

3.2.1　城市生态旅游的实践和探索

1. 美洲经验

多伦多绿色观光组织（TGTA）是世界上第一个推动城市生态旅游的组织，并将其定义为：城市旅游的过程由尊重生态环境的游程构成即可称为城市生态旅游。因此，尽管其仍强调城市中自然绿地的观光游憩资源，却以整体多伦多城市作为推广城市生态旅游为目标。然而，其所界定的生态旅游资源涵盖却相当广泛，如花园、社区、博物馆与遗产、表演据点、地标景点等均属于涵盖的区域。因此，多伦多的城市生态旅游推广与传统对生态旅游的认知差异较大，而比较类似城市旅游的生态化发展。如加拿大的多伦多市内有约两千英亩的绿地，生活着约 370 种鸟类。可以进行生态旅游的地方包括莱斯利街角（此处为候鸟迁徙的必经之地）、哈里斯自动过滤植物园、顿河修复工程等。为了配合多伦多城市生态旅游的开发，保护当局专门规划提供的自行车游、划船游和徒步游线路，穿越城市的自助式徒步游线路，还出版了将旅游者与自然环境联系起来的绿色地图。

在实施主体上，多伦多政府仅扮演辅助性的角色，而由 TGTA 等民间组织建构旅游平台，整合社区、业者与旅游资源。另外，波士顿通过生态旅馆分级方式，以降低旅游业者的碳足迹，作为城市旅游引入生态旅游理念的初始策略。至于中南美洲地区，虽然长久以来作为生态旅游胜地，但就城市生态旅游部分，除有 Stelein（2004）的呼吁外，相关探讨与政策其实并不多。

2. 大洋洲

以新西兰和澳大利亚为主要国家的大洋洲，长久以来就是生态旅游盛行的地区，关于生态旅游的研究也较为丰富。李嘉英（2005）指出目前都会型生态旅游的研究，以新西兰和澳大利亚等地较为盛行。据已有文献研究发现，有相当多篇以新西兰城市进行探讨。Higham & Lück（2002）在讨论城市生态旅游的矛盾性文章中，举了3个新西兰成功发展城市生态旅游的案例，分别为位处南岛的欧马拉（Oamaru）的蓝企鹅的培育地（Oamaru Blue Penguin Colony）、奥克兰（Auckland）的赏鲸豚之旅与威灵顿（Wellington）的野生动物保育区。李嘉英（2005）另外提及奥克兰提供位于市郊的火山地质之旅，该旅游点包含40个以上的喷发中心、火山锥及熔岩流、火山口及火山灰沉积层；但那丁市的生态旅游业者提供了帝王野生动物巡航，提供以传统船只，沿着半岛巡行于但那丁港区内。在经验丰富的导览人员的解说下，游客有机会可以观赏到信天翁、海豹、蓝企鹅、黄眼企鹅及各种其他海洋野生动物。而前述诸多地区的管理机关，多由政府协助社区与旅游业者成立法人管理机构，并透过旅游收益回馈至旅游地的管理经营上。如在对照 Dwyer & Deborah（2000）所提出的澳洲城市边郊绿地的生态旅游者研究，则可以发现，实际上，新西兰和澳大利亚对城市生态旅游的认知，仍以自然动植物栖地或培育后的自然栖地为主要诉求，且倾向于由政府成立第三部门管理经营，而非由政府作为城市生态旅游推广的主体。换言之，其强调的是社区参与财务的自给自主，另外也着重教育的深化与环境冲击的减缓。

3. 亚洲

（1）中国澳门。中国澳门总面积为 27.3 平方千米，平地与丘陵大致各占一半面积。澳门境内庙宇、教堂、博物馆林立，密度据称为世界之冠，故又称为"博物馆之城"。澳门历史城区于 2005 年被列入世界遗产名录。就自然旅游资源方面，为保护红树林与候鸟资源，澳门政府于城市边缘建立了自然生态保护区，并设有森林保护区以保护本地物种多样性与物种研究之用。在绿地建设上，澳门经过历年努力，人均绿化面积已达到 13 平方米以上。当前澳门政府为应对大量的游客涌入，着手进行总量管制与游客从业人员的生态环境教育，并进行环境品质的监测。大体而言，澳门的城市生态旅游的发展仍以生态城市概念为轴心，由于其特殊的背景与高密度的博物馆配置，使得澳门的城市生态旅游兼顾了文化类型与自然类型（丁华和高媛，2001）。

（2）中国香港。Leung et al（2005）在讨论城市生态旅游矛盾性的专文中，以中国香港作为案例进行探讨。文中认为作为全球主要城市之一的香港，尽管具有高密集的城市人口，却因地形限制与海岛散布特性，留有相当广阔的自然绿地。对照香港以古迹、遗产、购物为主轴的城市旅游，这些自然绿地提供了替代性的选择。香港由于政治地位特殊，在其行政领域，固然以香港岛为主要商务与居住核心，但周边地区诸如九龙半岛、大屿山等却划设有多处保护区，也因此成为其论述生态旅游的基础。目前香港的生态旅游主要由香港生态旅游协会（Hong Kong Ecotourism Society Ltd）所推动，并将焦点放在20世纪70年代以后陆续划设的23处郊野公园、4处特别地区、4处海岸公园、1处海岸保护区、3处禁区及1处拉姆萨尔湿地（the Ramsar Convention on Wetlands），总面积约44514公顷，占全香港面积的40%以上。

（3）新加坡。作为一个领土极其有限的海岛国家或海岛城市（总面积为682平方千米），新加坡仍以其划设保护区之水源地与城市内众多的公园绿地作为自然生态旅游的推广地区，辅以城市的多元文化色彩，进行城市旅游的包装。依据新加坡国家旅游局的规划，占地52公顷的新加坡植物园、占地87公顷的双溪布洛湿地保护区与位处水源保护区占地达164公顷的武吉知马自然保护区（Bukit Timah Nature Reserve）为其主要推展的生态旅游资源；另外，新加坡规划有众多的海岸公园、郊山、蓄水池公园的生态旅游行程（新加坡旅游局，2007）。这些可谓将 Lawton & Weaver（2001）所提出的可作为城市生态旅游地的资源类型做了理想的政策诠释。

（4）大阪。大阪观光组织（OTA）以为城市生态旅游为"城市中尊重自然生态系统的旅游"。因此，大阪市在实践城市生态旅游的理念上，融合生态城市与永续城市的观念，透过污染防治、建构完整下水道系统与节能能源三方面着手，并将城市生态化进展的过程与设施以博物馆的形式开放，作为城市旅游的重要资源（Osaka tourism association，2006）。由于特别强调城市绿地空间的角色，使得大阪市的城市生态旅游政策成为配合城市永续发展的整体系统的重要组成部分。

4. 小结

综观城市生态旅游既有专著与研究，多数内容仍在推广与概念性陈述，主要原因在于城市发展生态旅游与长期以来生态旅游定义所界定的相对自然环境与资源似乎有所出入，在此观念无法突破下，相关文献唯有先透过辩证过程，肯定城市地区发展生态旅游相较于传统生态旅游地更有其优势，并不违背生态旅游诸多定义的共同规范。因此，Fennell（2003）认为城市生态旅游面临的是这一观念上的突破。

城市如何有效地发展生态旅游仍是一个值得探讨的话题。根据国外的经验，优化和整合城市中以绿地、公园和保护区为主的生态游憩空间，系统性开展生态环境的恢复和保护，规划和引导参与者低碳化的出游路线和方式等措施将有助于城市生态旅游的可持续发展。当然，我国城市人口密集度、交通压力和人们的生态意识等情况相对更为严峻，健康地发展城市生态旅游所需解决和探讨的问题远不止这些，也给我们未来的研究提出了更多的挑战。

3.2.2 城市生态游憩空间格局的发展和经验

1.英国"田园城市"的城郊结合的空间格局

"田园城市"是英国社会活动家霍华德于19世纪末提出的关于城市规划的设想。1919年霍华德明确提出：田园城市是为健康、生活及产业而设计的城市，它的规模能足以提供丰富的社会生活，但不应超过这一程度。霍华德认为，城市环境的恶化是由城市膨胀引起的，城市无限扩展和土地投机是引起城市灾难的根源。他建议限制城市的自我膨胀，并使城市土地属于城市的统一机构；城市人口过于集中是由于城市具有吸引人口聚集的"磁性"，如果能控制和有意识地移植城市的"磁性"，城市便不会盲目膨胀。他提出关于三种"磁力"的图解，列出了城市和农村生活的有利条件与不利条件，并论证了一种"城市－乡村"结合的形式，即田园城市，它兼有城、乡的有利条件而没有两者的不利条件。

霍华德设想的田园城市包括城市和乡村两个部分。城市四周为农业用地所围绕，城市居民经常就近得到新鲜农产品的供应，农产品有最近的市场，但市场不只限于当地。田园城市的居民生活于此，工作于此。城市的规模必须加以限制，使每户居民都能极为方便地接近乡村自然空间。霍华德还设想了田园城市的群体组合模式：由六个单体田园城市围绕中心城市，构成城市组群，称之为"无贫民窟无烟尘的城市群"。其地理分布呈现行星体系特征，城市之间以快速交通和即时迅捷的通信相连。霍华德的田园城市群体组合把城市和乡村统一成一个相互渗透的综合区域，形成一个多中心、整体化运作的城市系统。

霍华德提出田园城市的设想后，又为实现他的设想作了细致的考虑，对资金来源、土地规划、城市收支、经营管理等问题都提出具体的建议。霍华德于1899年组织田园城市协会，宣传他的主张；1903年组织"田园城市有限公司"，在距伦敦56千米的地方购置土地，建立了第一座田园城市——莱奇沃思；1920年又在距伦敦西北约36千米的韦林开始建设第二座田园城市；翁温的助手帕克于1930年在英国建设了第三个田园城市——威顿肖维，位于曼彻斯特的南面。威顿肖维具有莱奇华斯和韦林规划设计的基本特征，即围绕着城市的绿化带、工业和居住区有机组合并精心设计了独户住宅。帕克在威顿肖维实行了他从美国获得的把城市明确划分成相互结合的邻里单位的思想。

经验：田园城市由城市和乡村两个部分组成，城市四周是农业用地所围绕，形成田园城市的群体组合模式。严格限制城市规模，保证城市和乡村自然空间的比例，使每户居民都能极为方便地接近乡村自然空间。

2.美国"广亩城"的分散的半农田式的格局

当代建筑大师弗兰克·劳埃德·赖特（Frank Lloyd Wright）于1932年出版的著作《正在消灭中的城市》（*The Disappearing City*），以及1935年发表于《建筑实录》（*Architectural Record*）上的论文《广亩城市：一个新的社区规划》中的"广亩城市"（Broadacre City）提出的是一种城镇设想。他认为，现代城市不能代表和象征人类的愿望，也不能适应现代生活需要，是一种反民主机制，需要将其取消（尤其是取消大城市）。

广亩城是赖特的城市分散主义思想的总结，充分反映了他倡导的美国化的规划思想，强调城市中的人的个性，反对集体主义。突出地反映了 21 世纪初建筑师对于现代城镇环境的不满，以及对工业化时代以前人与环境相对和谐的状态的怀念。赖特的广亩城，实质上是对城市的否定。他呼吁城市回到过去的时代。而他的社会思想的物质载体就是广亩城市了。他相信电话和小汽车的力量，认为大城市将死亡，美国人将走向乡村，家庭和家庭之间要有足够的距离以减少接触来保持家庭内部的稳定。用他的话说，是个没有城市的城市。他认为应当让大城市自行消灭。他认为现有城市不能应付现代生活的需要，也不能代表和象征现代人类的愿望，建议取消城市而建立一种新的、半农田式社团——广亩城市。

赖特的理想是建立一种"社会"，这种社会保持着他自己所熟悉的、19 世纪 90 年代左右威斯康星州那种拥有自己宅地的居民们过着的独立的农村生活方式。20 世纪 30 年代，北美的农户们已开始广泛使用汽车，使城市有可能向广阔的农村地带扩展。赖特论证，随着汽车和廉价的电力遍布各处，那种把一切活动集中于城市的需要已经终结，分散住所和分散就业岗位将成为未来的趋势。他建议发展一种完全分散的、低密度的城市来促进这种趋势。这就是他规划设想的"广亩城市"。每户周围都有一英亩土地（4047平方米），足够生产粮食蔬菜。居住区之间以超级公路相连，提供便捷的汽车交通。赖特所期望的那种社会是不存在的。他的规划设想也是不现实的。但"广亩城市"的描述已成为今日美国城市近郊的稀疏的住宅及居民点分布的图景的写照。

经验："广亩城市"通过构建新的、半农田式社团——一种完全分散的、低密度的城市，目的是构建和谐的，与自然生态亲近的"社会"和社区环境。

3. 欧美生态网络规划的生态保护功能区格局

欧美生态网络规划认为生态网络是由各种自然和半自然的生态要素构成的，基本结构包括核心区、连接区、缓冲区和恢复区。核心区是指具有适宜尺度和质量的栖息地斑块，为支持动植物数量及相关生态功能提供基本的生境条件；连接区是连接核心区的自然或半自然植被斑块，包括指线性廊道、景观廊道和踏脚石廊道 3 种；缓冲区分布于核心区与连接区周围，避免其直接遭受负面影响，可允许适度的人类活动和多种土地利用方式共存；恢复区是指扩大既有栖地或创造新的栖息地，以改善生态网络功能。欧美生态网络规划的实践很多，早期美洲的绿廊规划已取得了显著效果，如美洲生态走廊、南佛罗里达州绿道系统、马里兰州绿色基础设施网络规划、新英格兰绿道网络规划等均为生态网络规划的雏形。后期影响较大的是欧洲生态网络规划和加拿大埃德蒙顿生态网络规划，目前仍处于实施阶段，部分规划已经获得良好的效果（闫维等，2010）。

埃德蒙顿的生态网络规划实践埃德蒙顿生态网络的基本结构埃德蒙顿作为加拿大发展最快的城市之一，拥有大量的自然区，包括森林、草地、湿地、湖泊及北萨斯喀彻温河等，广泛的自然区和半自然景观构成了埃德蒙顿生态网络，该网络也是艾尔伯特省及整个北美生态网络的一部分。埃德蒙顿生态网络的基本结构包括生物多样性核心区、连接区和基质。生物多样性核心区包括 3 个区域生物多样性核心区和 10 个生物多样性核心区两种类型。区域生物多样性核心区指非常大的自然区，并不局限在当地的市政范围内；而生物多样性核心区指的是完全在市政范围内的大自然区。连接区分为自然景观连接区和半自然景观连接区，包括踏脚石和廊道两种形式。自然景观连接区主要是天然植被区（如自然化的公园），半自然景观连接区主要是人工绿地（如休闲公园、校园、墓地等）。基质由住宅区、商业区、工业区和农业用地组成，基质的通透性对生态网络的连接度有重要影响（Jongman，2004）。

还有很多小尺度的生态网络规划，如北萨斯喀彻温河河谷重开发保护规划、"绿丝带"总体规划、高原自然区保护规划及公园发展规划等。其中连接规划是最重要的一个规划，旨在将埃德蒙顿的所有自然区作为一个系统网络进行整体规划和保护。该规划核心集中于加强两个联系：一是自然区间的联系，以多种多样的功能性生物廊道为表现形式，支持重要生态进程和野生生物迁移；二是人与人间的联系，以管理组织及公众之间密切合作的伙伴关系为表现形式，实现全民共同参与。

近百年来，欧洲工业化和城市化的迅速发展，导致土地利用发生重大改变。同时，自然保护方法与土地利用现状不相适宜，使得自然栖息地严重破碎化，导致生物多样性锐减和物种灭绝。近年来，过度旅游加剧了欧洲的生态问题。应用生态网络规划的方法进行自然区和生物多样性的保护和恢复。欧洲生态网络规划聚焦大尺度的物种多样性保护，基本结构由核心区、缓冲区、恢复区和廊道组成，同时强调各个自然区之间的结构和功能连接。

目前，生态网络在欧洲很多地区已经发展成为各种自然保护规划，包括自然网络、绿宝石网络、欧盟生态网络及泛欧洲生态网络等，各自的保护方法和侧重点均有所区别。其中泛欧洲生态网络是最重要的生态网络，其以自然网络和绿宝石网络为基础，扩展到54 个欧洲国家，目标是通过有效管理来实现主要生态系统、栖息地、物种和有价值景观的保护和恢复。

经验：强调所有自然及半自然因素之间结构和功能的连接，使其有利于有效生态过程的实现，保护物种多样性，基本结构由核心区、缓冲区、恢复区和廊道组成。在建立和优化自然空间的联系与人与人间的联系的目标上，公众参与主要生态系统、栖息地、物种和有价值景观的保护和恢复，为城市居民的生态游憩活动提供了保障。

4. 德英生态城市中的绿色通道和基础设施的网络格局

德国的埃朗根（Erlangen）是著名的大学城、"西门子城"和生态城市，总人口 10 万，面积 77km^2，也是现代科学研究和工业的中心。然而，生态环境问题也曾成为困扰着城市的发展，诸如相当多的城市绿地、森林和闲置的乡下土地的失去，特别是汽车的增长导致越来越多的噪声、空气污染和街道的拥挤等，这都显示了城市进一步发展的自然边界。然而，一系列及时有效的生态城市的建设措施保全了森林、河谷和其他重要的生态地区（占总面积的 40%），并建议城市中拥有更多贯穿和环绕城市的绿色地带。以车为主体是多年以来城市普遍实施的交通规划方针，新的交通政策中不再给行车交通以特权，并减少和限制在居住区和市区的汽车使用，同时积极鼓励以环保方式为主的城市内活动。市内和城市周边的绿地被绿色通道连接起来，是安全、吸引人的步行和骑车的绝佳选择，且适宜各种活动，如上学、工作、购物和休闲。这就使得 Erlangen 成为健康之城，因为不管是步行还是骑车，城市中任何一个住处通往绿地只需 5~7 分钟，这就为锻炼身体创造了最好的条件。新的交通政策使得各种交通形式平等地享有在城市通行的便利，如步行、骑车、开车和使用公共交通工具。因为市民的生活水平较高，所以，动力化水平也是很高的，10 万人拥有 5.4 万辆小汽车。但是，他们也拥有 8 万辆自行车，并经常使用。居住在 Erlangen 的人们的自行车使用率是 30%。城区有一个灵活的混合型步行区域，该地区没有汽车通行，但对步行者、自行车、公共汽车和出租车开放，也有些区域在其中开车是可以的，但要保持步行速度。城区是城市商业、社会和文化中心。各种城市空间为人们相识提供了场所，人们在此停歇，各种活动（如社区的庆祝仪式）都可以在这里进行。

英国生态城镇同样在交通上要求编制覆盖整个地区的交通规划，将提高步行、自行车和使用公共交通出行的比例作为生态城镇的整体发展目标。为了实现这个目标，每个住宅的规划和区位设置的标准具体规定如下：① 1 分钟以内的步行距离能够抵达；②发车间距较密的公共交通车站；邻里社区服务设施，包括卫生健康、社区、小商店等设施。在城镇各种设施的整体布局规划上，要求尽可能减少居民依赖使用小汽车的规划模式和空间布局。在绿色基础设施上，要求生态城镇总面积的 40% 为绿色的空间。这 40% 中，至少有一半是公共的、管理良好的、高质量的绿色开放空间网络。要求将生态城镇的绿色空间与更为广阔的乡村地区衔接在一起。绿色空间要求具有多功能性和多样化，例如，可以是社区森林、湿地、城镇广场等；可以用于游玩和娱乐，可以安全地步行和骑车，也能够提供野外游憩的功能；可以是城市纳凉之处，也可以是排泄洪水之地。另外，要求重视保护用于生产本地食物、农产品的土地，允许和鼓励当地社区种植农作物，开展副业生产或商业性园艺。

经验：保留了森林、河谷和其他重要的生态地区，拥有更多贯穿和环绕城市的绿色地带。市内和城市周边的绿地被绿色通道连接起来，构建公共的、管理良好的、高质量的绿色开放空间网络；同时将生态城镇的绿色空间与更为广阔的乡村地区衔接在一起。强调绿色空间的多功能性和多样化，建设安全且具有景观游憩价值的步行和骑行的空间，同样适宜各种活动，如上学、工作、购物和休闲。

5. 城市园林景观规划格局中的"宝石项链"的串珠状格局

波士顿的"宝石项链"（或称"翡翠项圈"）透析出城市园林景观结构的规划思想发展历程，即从块状公园、公园道到公园系统的形成过程，以及构成城市园林开放的空间和城市的绿色通道。它的特点就是将块状公园通过被喻为"项圈"或"项链"的公园道，以及流经城市的绥德河（最终流入查尔斯河）有机联系成一个整体。这一规划使工业化时代，城市在急剧膨胀过程中，带来的环境恶化、空间结构不合理、交通混乱等弊端得以缓解与改善，使更多的市民能够就近享受到公园的乐趣和呼吸到新鲜空气。由于公园系统的日趋完善，波士顿的 3 条主要河流均连接在这一系统中，并结合沿海的优势，还将许多海滩用地尽可能扩大为公共用途的绿色空间，让城市开放空间的范围扩大到整个波士顿市区，形成了一个完整的城市空间框架。

波士顿公园位于金融区和灯塔山附近，是美国最古老的公园。连同附近的波士顿公共花园，都属于"翡翠项链"（一系列环绕城市的公园）的一部分，并且都是由弗雷德里克·劳·奥姆斯泰德所设计的。主要公园还有沿着查尔斯河的河岸休闲公园。其他公园则散布全市。主要的公园与海滩都靠近查尔斯镇、城堡岛，或沿着多尔切斯特、南波士顿和东波士顿的海岸线。该市最大的公园是富兰克林公园，包括动物园、阿诺德植物园和石溪国家保留地。

合肥因为建设敞开式环形带状环城公园，将老城区四角的公园联结成一个整体，形成以带相连成串的公园系统，构成新老城区之间一个大的绿色空间，在我国开创了以环 – 串 – 块的公园系统先河。合肥因地制宜应用了环护城河的水系，环城墙基上形成的林带及丘陵地形，建设敞开式的环形带状公园，并且通过环城道路和连接新老城区之间十处交接口，将公园风貌展现街头，融于新老城区之间，从而形成"园在城中，城在园中，城园交融，园城一体"的独特城市风貌。合肥市环城公园的建成并由此形成中国特色的"翡翠项链"公园系统，形成了一个完整的公园环，而且以环 – 串 – 块，公园与城市的建筑、道路有机融为一体，又通过城市园林式的交通干道、绿树浓荫的城市干道与步行道，将园林景色辐射到城市各个角落（尤传楷，2001）。

经验：从块状公园、公园道，到公园系统的形成过程以及构成城市园林开放的空间和城市的绿色通道。尽可能扩大为公共用途的绿色空间，形成了一个完整的城市空间框架。将块状公园通过被喻为"项圈"或"项链"的公园道，以及流经城市的河流有机联系成一个整体。

第四章 城市生态游憩的主体认知度研究

4.1 研究目的

相对于国外的研究，国内的城市生态旅游研究多从规划的角度论析城市所具有的旅游资源，开发和产品策略等研究较多，其他方面研究较少；在城市生态旅游的参与者的认知度方面的研究较少得到关注。因而，本研究将尝试以上海居民为例，进行城市生态旅游的参与者的认知度的研究，以期研究结果对上海城市的生态旅游的发展和城市生态游憩空间格局的优化提供参考依据。

4.2 研究方法和数据

本研究通过面对面调查和网络调查两种渠道进行问卷调查工作，共完成问卷 576 份，经过检验筛选，剔除 64 份不合格问卷，最终得到有效问卷 512 份。根据样本统计，对被试的属性分别从性别、受教育程度、婚姻及家庭状况、年龄和收入等要素进行分析，得到被调查居民的属性结构特征（见表 4.1），从中可以看出，样本男女比例分别为 46.3% 和 53.65%，较为平衡；其他各个属性特征基本呈正态分布（见图 4.1），因而可以认为本研究的调查样本具有一定的代表价值。

表 4.1 被调查居民的属性结构特征

属性	选项	人数	比例（%）	属性	选项	人数	比例（%）
性别	1. 男	237	46.3	年龄	1. 18 岁以下	8	1.56
	2. 女	257	53.65		2. 18~30 岁	411	80.21
受教育程度	1. 高中以下	0	0		3. 31~45 岁	85	16.67
	2. 高中（或中专）	24	4.69		4. 46~60 岁	8	1.56
	3. 大学（专）	424	82.81		5. 60 岁以上	0	0
	4. 研究生及以上	64	12.5	收入/月	1. 1500 元以下	0	0
婚姻及家庭状况	1. 未婚	421	82.29		2. 1500~3000 元	150	29.3
	2. 已婚（无子女）	35	6.77		3. 3000~6000 元	196	38.35
	3. 已婚（未成年子女）	53	10.42		4. 6000~9000 元	101	19.55
	4. 已婚（子女已成年）	3	0.52		5. 9000 元以上	65	12.78

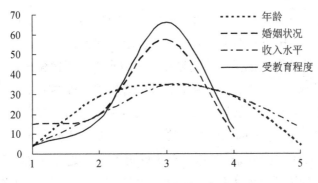

图 4.1　被试属性结构的正态分布图

注：纵坐标单位为 %；横坐标为选项编号（如表 1）。

4.3　上海居民的游憩行为习惯和空间偏好特征

　　就调查中体现出来的上海居民的旅游行为习惯特征（见表 4.2）考虑，可以认为，目前上海居民的旅游意识和消费行为已经相对成熟。如在"喜欢的旅游方式"中，自助游和半自助游所占的比例分别是 58.85% 和 26.04%，即这两项之和占到 80% 以上，而选择"旅行社组团"的仅占 11.98%，这体现出上海居民在旅游方式的自主性和选择性方面有更高的要求；在"获取出游信息的渠道"中，选择网络的占到 67.19%，远远超出亲朋好友、电视和报纸等传统渠道的总和，反映出互联网的普及，使得这一渠道成为上海居民信息获取的主要途径；在出游时间的选择上，大部分居民选择了小长假、寒暑假和七天长假等几个相对宽裕的时间段，三者共占到 60% 以上。同时，可以发现其中小长假的选择比例明显高于另外两个假期，体现出我国假日改革后，小长假的增加使居民的出游时间安排有更多的选择，有效地分散了旅游的时空过度集中的状况。在影响旅游决策的主要因素中，选择比例由大到小依次是景区特色、时间、价格、交通、服务和其他，因而，旅游景区作为旅游吸引物仍然是旅游者出游的原动力，而时间与价格因素作为出游的必要条件，选择的比例相当。

表 4.2　上海居民的旅游行为习惯特征

因素	选项	人数	比例（%）	因素	选项	人数	比例（%）
旅游方式	旅行社组团	61	11.98	出游时间	周末	48	9.38
	自助游	301	58.85		小长假	187	36.46
	半自助游	134	26.04		7 天长假	88	17.19
	其他	16	3.13		寒暑假	107	20.83
出游考虑的主要因素	景区特色	379	73.96		其他	82	16.15
	时间	355	69.27	获取出游信息的渠道	网络	344	67.19
	交通	245	47.92		报纸杂志	17	3.65
	价格	341	66.67		户外广告	13	2.6
	安全	325	63.54		电视广播	35	6.77
	服务	240	46.88		亲朋好友	97	18.75
	其他	19	3.65		其他	6	1.04

在城市的快速发展过程中，人与自然的距离逐渐疏远，快速紧张的生活节奏与水泥森林的包围，让城市居民对自然生态有更多的渴求和偏爱。调查发现，上海居民在旅游景观类型和游憩空间类型的选择中均明显体现出对自然生态的偏好。图4.2所示为根据景观吸引力排序得到的平均分值，在五类景观中喜好程度排序中（第一得到5分，第二得4分，其他以此类推），"自然生态景观"以4.09的分值遥遥领先于其他景观类型。同样，居民对游憩空间类型偏好的选择中，"城市绿地"和"郊野公园或农庄"所占比例分别是42.32%和55.21%，远远高于其他类型（见图4.3）。之前在加拿大旅游协会的相关调查中，也有91%的被访者更倾向于走访城市绿地和公园。可见，人们对景观美感的要求及追求天人合一的境界，决定了人们对自然的亲近感和依赖心理。

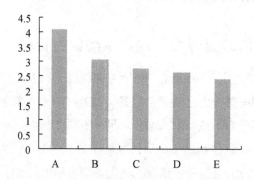

图4.2　居民对旅游景观类型的排序综合值

注：A——自然生态景观；B——特色餐饮购物；C——古代历史景观；D——现代人文景观（建筑、科技和纪念场馆）；E——文化艺术活动（民俗、节庆和表演）

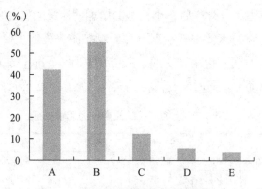

图4.3　居民对游憩空间类型的偏好

注：A——城市绿地（公园）；B——郊野公园或农庄；C——商业购物中心；D——文化娱乐场馆；E——现代游乐场

4.4　上海居民城市生态旅游的认知度研究

4.4.1　上海居民对城市生态旅游的认可度

据《上海市中心城公共绿地规划》，到2020年，上海中心城市人均绿地为30平方米，其中人均公共绿地为 10 平方米以上；绿地率为 35%，绿化覆盖率为 40%；中心城区绿地总面积达 240 平方千米。上海的各类公园、自然保护区、居住绿地、街头绿地、广场和历史文化遗迹的生态环境和景观质量均逐步提升，具备较好的城市生态旅游资源和空间条件。

研究调查显示，76% 的被调查者认为可以在城市中开展生态旅游，而 15% 的被调查者则不认可，另外 9% 的被调查者不确定。大部分人认为可以在城市中开展生态旅游，从而给城市的发展注入很大的活力，这证明城市生态旅游的市场还是很有潜力的，可以给城市中的人们更多亲近自然、参与生态体验的机会。因而可以认为，大多数人对城市旅游与生态旅游相结合的形式是比较赞同的。

2001 年加拿大的相关调查显示，83% 的被访者认为生态旅游是可以在城市里进行的。上海居民对城市生态旅游的认可度相对加拿大较低，这一方面由于传统观念的影响，正如前述，传统观点认为生态旅游应该在偏远的自然环境进行，而不是人口集中的城市；同时，生态旅游所倡导的生态中心的理想似乎与城市环境格格不入。另一方面的原因可能与城市本身的特点和环境条件有关。尽管上海近些年一直致力于城市生态建设和环境改善，但本次调查显示，上海居民对城市生态环境质量的主观评价并不是很高（见图4.4），其调查结果基本呈现正态分布，选择"一般"的占 41.88%，选择"很好"和"较好"两者之和的仅占 25.87%，也低于"较差"和"很差"两者的比例（31.25%）。

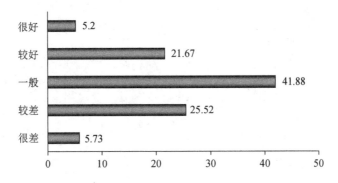

图 4.4　居民对上海城市生态环境的评价（单位：%）

究其原因有两点：第一，上海居民对城市生态环境的评价标准与对城市生活宜居性关注度密切相关，并随之而不断提高；第二，由于城市的迅速发展与扩展和人口密度增加导致的车辆拥堵、尾气排放、生活和游憩空间紧张等问题日趋明显，使得人们对城市环境的印象受到很大程度的影响。

4.4.2　上海居民对生态游憩活动内容的认可度

Buckley（2003）与 Robinson（2004）提出，以自然资源为基础推广的生态旅游，往往成为消耗自然资源的伪生态旅游。消耗性旅游往往被认为要从自然环境中提取实体性的产品，通常与狩猎和捕鱼相联系（除了有争议的"抓获并释放"的钓鱼方式）。与之相反，非消耗性旅游往往与提供无实体"体验"相联系，如提供观鸟活动及观察其他种类的野生物或自然景观对象。根据这一观点，严格意义上生态旅游应该属于非消耗性的旅游形式。然而，就生态旅游活动本身而言，其所造成的食品、燃料的消耗及对植被和动物产生的干扰，几乎均难以使之成为严格意义上的非消耗性的旅游。因而，本研究将生态旅游的活动按消耗性程度的高低来分类，观赏自然景观和接受生态教育属于低消耗性活动，生态养生、参与生态文化和商业活动及农业采摘是中消耗性活动，捕鱼狩猎属于高消耗性活动。

研究发现，上海居民对不同生态旅游活动的内容有不同程度的认可（见图4.5），其中观赏自然景观的认可度最高（82.29%），其次是生态养生（70.31%）和农业采摘（54.25%）；而对接受生态教育和民俗文化活动的认可度基本相当，分别是59.21%和46.35%。同时，捕鱼狩猎的认可度最低，仅为29.50%。在图4.5中，将居民对生态旅游活动内容的认可度绘成一条波状起伏的曲线，为了更清晰地发现其特征，运用线性拟合法得到虚线表示的趋势线，其方程如下：$y = -0.3777x^2 - 6.0074x + 83.739$，$R^2 = 0.7741$；其拟合系数 R 值大于0.5相对较为理想，基本可以反映出其趋势特征。由于横坐标上由左到右各类活动的消耗性逐渐增加，形成的趋势线恰好体现出如下规律：消耗性越高，认可度越低；反之，消耗性越低，认可度越高。因而，可以认为上海居民已具有一定的生态意识，在对生态旅游活动的理解和认可上，已经可以将其所产生的生态环境效益作为因素加以考虑和决策。

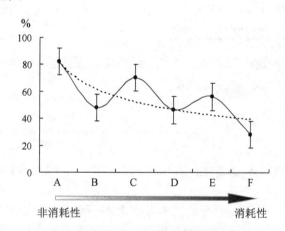

图4.5 居民对生态旅游活动内容的认可度

注：A——观赏自然景观；B——接受生态教育；C——生态养生；D——参与生态文化和商业活动；E——农业采摘；F——捕鱼狩猎（A~F活动的生态消费性逐渐增加）

4.4.3 上海居民对游憩活动中生态责任的感知态度

生态旅游大规模发展的同时，由于一些组织者的责任感缺失和旅游者的不当行为出现了许多问题，其中最受关注的就是环境污染和生态破坏问题。近年来旅游业迎来了负责任旅游的绿色运动，如具有循环利用设备和节约型的生态客房等旅游接待设施的开发和建设，如徒步、自行车或火车等低碳环保型的旅游出游方式的盛行。这反映了旅游经营者和旅游者对自身生态责任的认可和接受。

　　城市地区人口密集，人们的环境意识和生态责任感直接影响城市生态旅游的可持续性，因而，本研究对上海居民对生态责任的感知和态度进行了调查分析，就"是否乐于使用低碳环保的餐饮、住宿、娱乐和交通方式"问题的调查结果显示，近70.94%的被试选择愿意（其中"任何情况下都愿意"为19.02%，"不增加费用和时间、不影响效用的情况下愿意"为51.92%），体现出大多数人在旅游过程中愿意承担生态责任，但是仍有5.21%的人选择"不愿意"和23.85%的人持"无所谓"的态度。图4.6分别用"是否愿意""是否受条件影响"代表横纵坐标，将居民参与生态旅游是生态责任的认知度分为四个象限区间，分别如下：象限 I 代表"任何情况下都愿意"（即无条件愿意）、象限 II 代表"不愿意"（即无条件不愿意）、象限 III 代表"无所谓"（有条件不愿意）、象限 IV 代表"不增加费用和时间、不影响效用情况下愿意"（有条件愿意）。四个象限中的四个点（A、B、C、D）分别是不同选项的支持度。

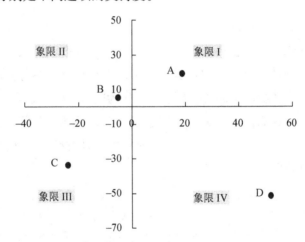

图4.6　居民参与生态旅游时生态责任的认知度

注：据"是否乐于使用低碳环保的旅游设施、餐饮"的回答。
　　横坐标：＋表示愿意，－表示不愿意；纵坐标：＋表示无条件、－表示有条件
　　A——任何情况下都愿意；B——不愿意；C——无所谓；D——不增加费用和时间、不影响效用情况下愿意

　　这项调查结果与此前加拿大绿色协会调查得到的结果相接近，即有71%的北美游客乐于使用那些对环境和社会负面影响最小的企业、餐厅和住宿设施（Fennell，2003）。然而，本次调查也显示出上海市居民在表示愿意承担生态责任的同时，对自身经济效用的关注非常明显，如在70.94%选择愿意的被试中，仅有19.02%的人是"任何情况下都愿意"，而51.92%的人都是有条件的、不影响效用的情况下才愿意，因此，可以认为，上海居民在环境意识和生态责任的感知和态度方面仍有待提高，以此来适应城市生态旅游的健康发展。

4.5 小结和讨论

4.5.1 主要结论

宜居性被列为城市四大功能之首，而布局合理、环境幽雅的生态游憩空间是衡量城市宜居性的重要指标之一，因而，生态化建设成为现代城市发展的趋势。在推动城市生态旅游发展的同时，城市居民是最为直接的参与者和受益者，这也是选择从城市居民的角度进行研究的主要原因。研究可以得到如下结论：

第一，目前上海居民的旅游意识和消费行为已经相对成熟，主要体现在如下几个方面：旅游方式的自主性和选择性方面较高的要求；受新的带薪假期制度的影响，居民的出游时间更为分散和自由；景区特色、时间与价格是影响旅游决策的主要因素；对旅游景观类型和游憩空间类型的选择均明显体现出对自然生态的偏好。

第二，研究调查显示大多数的被调查者认可在城市中开展生态旅游，但相对加拿大较低，这一方面是由于受传统观念的影响，另一方面可能与城市本身的特点和环境条件有关。同时，由于居民对生态环境要求的提高和交通拥堵和排放等因素的影响，上海居民对城市生态环境质量的主观评价总体不高。

第三，根据上海居民对不同生态旅游活动内容的认可度，发现活动的消耗性与认可度成反比。因而，可以认为上海居民已具有一定的生态意识，在对生态旅游活动的理解和认可上，已经可以将其所产生的生态环境效益作为因素加以考虑和决策。

第四，大多数人在旅游过程中愿意承担生态责任，但其中多数人以自身经济效用的不受影响为前提，因此，上海居民在环境意识和生态责任的感知和态度方面仍有待提高，以此来适应城市生态旅游的健康发展。

4.5.2 讨论

生态旅游内涵的日益扩充，由原来的自然生态逐步拓展到人文生态，一些具有特殊价值的文化古迹和遗产等均包含进生态旅游的适宜发展区域。城市集聚了众多独具特色的自然和人文景观，因而，相对于纯粹的自然荒野而言，城市生态旅游具有更丰富、更多元化的资源基础。同时城市更能吸纳旅游业的影响（Dodds，2001），加之稳定的市场需求，这些都将为城市生态旅游带来广阔的发展空间和前景。

研究结果在体现出以居民为主要参与者的上海城市生态旅游市场较为成熟的同时，也给城市生态旅游发展的水平和管理提出了更高的要求。正如前述，真正的城市生态旅游应当秉承生态旅游在生态责任、环境保护、生态教育、文化传承和地方经济等方面的重要原则。本研究揭示了以上海居民为代表性的参与者目前对城市生态旅游及其活动本身的认同、知觉和态度，实际上也体现了上海乃至我国大多数地区在发展城市生态旅游时可以实现的功能和差距。

因而，城市如何有效地发展生态旅游仍是一个值得探讨的话题。根据国外的经验，优化和整合城市中以绿地、公园和保护区为主的生态游憩空间，系统性开展生态环境的恢复和保护，规划和引导参与者低碳化的出游路线和方式等措施将有助于城市生态旅游的可持续发展。如加拿大的多伦多市内有约两千英亩的绿地，生活着约 370 种鸟类；可以进行生态旅游的地方包括莱斯利街角（此处为候鸟迁徙的必经之地）、哈里斯自动过滤植物园、顿河修复工程等。为了配合多伦多城市生态旅游的开发，保护当局专门规划提供的自行车游、划船游和徒步游线路，穿越城市的自助式徒步游线路，还出版了将旅游者与自然环境联系起来的绿色地图（Dodds，2001）。当然，我国城市人口密集度、交通压力和人们的生态意识等情况相对更为严峻，健康地发展城市生态旅游所需解决和探讨的问题远不止这些，也给我们未来的研究提出了更多的挑战。

第五章　上海城市生态游憩空间系统使用现状分析

5.1　研究方法

5.1.1　POE方法及研究目的

POE（Post Occupancy Evaluation，使用后评价）方法是从使用者的角度出发，美国Preiser等人（1988）给出的定义，POE是在建造和使用一段时间后，进行系统的严格评价过程。POE主要关注使用者的需求、设计成败和建成后的性能。这种研究方法将观察、记录、问卷调查、访谈等方法相结合，对于所得到的信息和数据进行整理，最后得到使用状况评价分析报告，是一种极为重要的研究户外空间的方法。由于这一系统的方法（记录、分析、成文）更多的基于功能或用途，而不单单是美学，所以，它已被广泛应用于建筑外部空间、城市游憩空间等使用状况的评价。

在我国，相关的理论和实践工作也逐步发展，在已有的研究成果中，对城市游憩广场的使用状况评价最为集中，其次是对居住小区公共空间的评价。但对城市生态游憩空间的使用状况进行全面的调查评价还处在探索阶段。

城市生态游憩空间的合理布局和发展有利于保护和改善城市生态环境、优化人居环境、满足城市居民休闲游憩需求、促进城市可持续发展。本研究通过POE方法对上海现有城市生态游憩空间的使用状况进行深入的研究，包括对使用者的行为特征及心理需求的研究，找出普遍存在的问题，对现有绿地系统提出改进建议，并为优化城市生态游憩格局提供正确依据。

5.1.2　调查内容和数据特征

本研究在上海选择了城市生态游憩空间的9处场地开展POE调研，调查得到有效样本数为485份。具体调查内容和数据特征如下。

（1）被调查的使用者特征。本研究男女比例为52%和48%；年龄结构如下：18岁以下占5.5%，18~30岁占26%，31~45岁占25%，46~60岁占25%，60岁以上占15.5%。

（2）本研究选取9处上海城市生态游憩空间进行实地调研，各类空间面积划分标准如下。

a.居住区绿地：小区及周边绿地。

b.街头绿地：（5万平方米以上）一定规模的绿地，如陆家嘴中心绿地、滨江绿地等。

c.小型公园：（20万平方米以下）。

d. 中型公园：（20 万 ~60 万平方米）。

e. 大型公园：（60 万平方米以上）。

f. 广场绿地：人民广场等（广场面积 20 平方米以上，且有绿地比例至少在 40% 以上的）。

g. 城郊公园：市区外环以外的大型公园（60 万平方米以上），如野生动物园、东方绿洲、滨江森林公园、奉贤海湾森林公园等。

此次调查的游憩空间主要有上海海湾国家森林公园、上海世纪公园、黄兴公园、大宁灵石公园、鲁迅公园、名人苑、滨江大道、滴水湖、云和花园（居住区绿地）。

（3）调查内容主要体现市民对生态游憩空间的使用状况，包括市民日常出游各类绿地的频率、市民对各类游憩空间的使用时间、市民出游的交通工具、对游憩空间的关注度和满意度。

通过对以上指标的调查，了解目前市民对不同类型生态游憩空间的使用和需求状况，为系统规划过程中调整各类游憩空间数量和空间分布提供依据；对各类城市生态游憩空间的各项功能尤其是游憩功能的需求，为各类空间的内部环境组织及设施安排的优化提供依据；调整空间数量、改变空间分布的重要依据，也有利于改善游憩功能、凸显生态特色，对优化城市生态游憩系统起到至关重要的作用。

5.2　空间使用现状分析

5.2.1　到访频度分析

本研究分别对 9 处游憩空间进行调研，统计发现，各类生态游憩空间的到访频度有一定的差异（见表 5.1 和图 5.1），并呈现一定的规律和特点。

表 5.1　各类生态游憩空间的到访频度

游憩空间类型	到访频率%（平均次数）				
	每日	每周	每月	每年	随机
居住区绿地	32%（1）	59%（2.2）	9%（2.5）	—	—
街头绿地	29%（1）	62%（1）	8%（1.5）	1%（1.3）	—
小型公园	21%（1）	66.4%（1.6）	11%（1）	1.6%（2.2）	—
中型公园	12%（1）	36%（2）	48%（1.4）	4%（2）	—
大型公园	3%（1）	14.6%（1.2）	39%（1.4）	36.6%（2.5）	6.8%
城市广场绿地	6%（1）	11%（1）	42%（1.4）	35%（2.2）	6%
风景区（城郊公园）	1.2%（1）	8.28%（1.5）	14.2%（1.5）	42.86（2.5）	33.46%

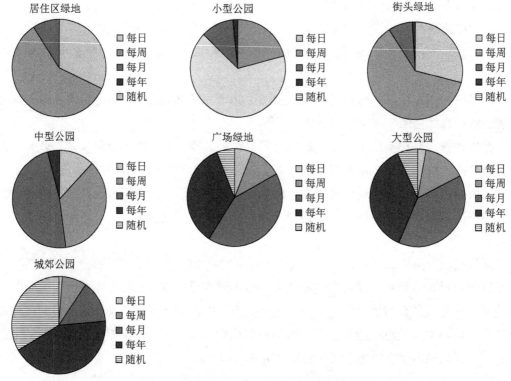

图 5.1　不同生态游憩空间的到访频度的比例

（1）规模较小，分布距居民较近的居住区绿地、街头绿地和小型公园较为集中在以"每日"和"每周"为单位的频度上，其中居住区绿地"每日"比例为 32%、平均次数是 1 次，"每周"比例为 59%、平均次数是 2.2 次；街头绿地这两项比例分别为 29% 和 62%，平均次数均为 1 次；小型公园的两项比例分别为 21% 和 66.4%，平均次数分别为 1 和 1.6 次。

（2）市区内的中型公园、大型公园和城市广场绿地的到访频度的比例的是"每月"，比例分别达到 48%、39% 和 42%，其原因主要是这些游憩空间面积较大，数量相对较少，吸引半径较大，距离也较远，因而出游的时间和经济成本也较高，如上海大多数公园实行了免门票制，但仍有世纪公园、共青森林公园等存在门票收费。同时也应该发现，中型公园的频度特点介于小规模游憩空间与大规模游憩空间之间，即其频度以"每月"为首外，第二则是"每周"，比例占到 36%，且平均次数为 2 次；大型公园和城市广场绿地的频度以每月为首外，"每年"的比例则位居第二，分别达到 36.6% 和 35%，且平均次数均为 2.5 次。

（3）城郊公园的到访频度呈现出较为多样化的特点，其中比例最大的为"每年"（42.86%），其次为"随机"（33.46%），而每月、每周和每日的比例均相对较小。此类游憩空间，由于远离市中心，处于城郊边缘地带，规模较大，出游的时间成本和经济成本较高，因而频度较低，以平均每年 2.5 次居多，而且随机到访游玩的比例较高，也体现出此类游憩空间已经呈现出一般旅游风景区的特点。

图 5.2 所示为市民到访游憩空间的频度累计分析。

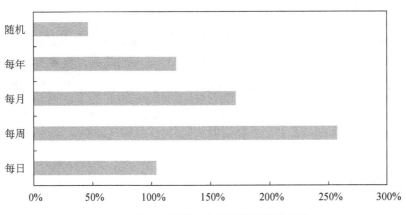

图5.2　市民到访游憩空间的频度累计分析

（4）由图5.2可以发现，上海市居民对于生态游憩空间的使用频度相对较高，以"每周"的累积比例最高，达到257%，其次是每月（171%）；而每年（121%）高于每日（104%），排在其后，这一比例现象也折射出，在相对较高的使用频率的基础上，仍然有相当一部分生态游憩空间在一年的大部分时间里是处于人迹罕至的状态，这反映出居民对生态游憩空间的使用需求与实际的供给格局存在差异，无法对接而导致的不平衡和资源浪费。

（5）图5.3体现的是各类游憩空间到访频度与不同类型生态游憩空间关系的趋势，可以明显看出不同频度在不同生态游憩空间上体现出的变化特征，如"每日"的频度曲线随着横坐标中游憩空间的规模和位置分布差异而由高到低的变化过程；"每周"的频度曲线峰值出现在小型公园，而不是距离居民最近的居住区绿地和街头绿地，并在峰值后一路下滑；而每月的频度曲线自开始一路走低的情况下到中央出现了两个峰值——"中型公园"和"广场绿地"及其中鞍部"大型公园"；"每年"频度几乎没有出现在小规模的游憩空间中，在大型公园、广场绿地和城郊公园中体现出较高的比例，这一特征在曲线中表现得非常明显；"随机"曲线则呈现大段消失后的凸现，最后阶段强势上扬的状态，也体现出了"城郊公园"在到访时间特征上的趋于不确定。

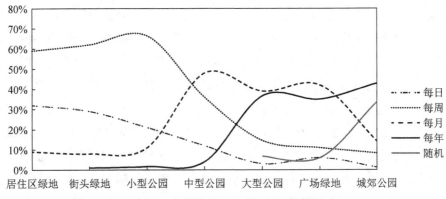

图5.3　各类游憩空间到访频度趋势图

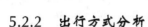

5.2.2 出行方式分析

本研究调查了居民到访城市生态游憩空间的出行交通方式，其选项设置包括步行、自行车、电动车、公交车、自驾车和轨道交通。在调查的同时，发现也有少数访客是以集体包车的方式出游的，不同类型的生态游憩空间的访客在交通方式的选择上也呈现出显著的差异（见图 5.4 和图 5.5），具体特征如下：

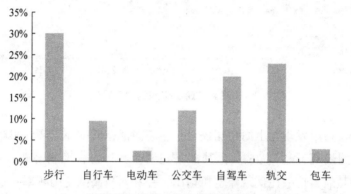

图 5.4　各类交通方式选择比例

（1）综合 9 处调查地和 485 位被试的调研结果（见图 5.4）发现，选择步行方式到达生态游憩空间的居民比例最大，占到 30%；其次是轨道交通方式，占 23%，上海城市轨道建设的逐步完善将更好地发挥其在居民出行中的作用，也扩大了城市生态游憩空间的吸引半径；自驾车出行方式占到 20% 的比例，排到出行方式选择的第三名，这也是近年来家庭汽车发展的重要结果；排在之后的是公交车、自行车、包车和电动车，它们的比例分别是 12%、9.5%、3% 和 2%。需要引起关注的是，与步行方式一样具有健身低碳特征的自行车出行的比例低于预期；这与上海当前城市道路建设中不注重非机动车道建设有很大的关联。因此，有必要探求居民对于自行车出行的距离偏好，以指导公园周边的自行车道规划。

（2）研究对各类生态游憩空间访客的选择的交通方式进行了统计和比较（见图 5.5），发现面积较小、分布较为密集的居住区绿地、街头绿地和小型公园，距离居民区较近、出游较为便捷，因而选择步行的出行方式比例占绝对优势，分别占到 97%、66% 和 69%，其他出行方式比例较低；中型公园、大型公园、广场绿地和城郊公园游客的出行方式较为多样化，几乎包括全部交通方式，步行出行比例明显减少的同时，轨道交通、自驾出行及公交等方式开始呈快速增长的趋势；中型公园的步行、自驾出行和轨道交通几乎平分秋色，三者合计占到了整个比例的 74.1%；大型公园的轨道交通比例独占鳌头，占到了 51.2%，其次是步行和自驾车，分别占 19.5% 和 17.1%；广场绿地和城郊公园自驾车比例最高，占 36% 和 32%。究其原因，源于城市广场功能较为综合，居民休闲游憩的同时可以进行餐饮、购物等其他娱乐活动，停车空间配套也较为完善，因而自驾出行的条件较为成熟；而城郊公园由于远离市中心，自驾出行更为方便快捷，同时包车出行的游客也占一定的比例。

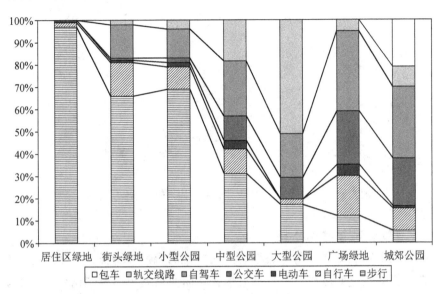

图 5.5 各类生态游憩空间访客的交通方式比例

（3）研究调查了到访各类城市生态游憩空间的路程所需时间，并按照不同的交通方式进行统计（见图 5.6），可以发现，到访游客不同交通方式的平均用时与其速度并无直接关系。发现具有规律性的特点：

a. 在平均用时较短的三种交通方式中，排序是电动车（8.3mins）、自行车（18.2mins）、步行（23.7mins），但可以发现，这一排序与其速度恰恰相反，因而呈现一种明显的负相关。这一现象的原因，应该从休闲游憩使用者的心理和行为角度可以得到比较合理的答案。正如前述，发现距离较近、规模较小、分布密度较大的居住区绿地、街头绿地和小型公园使用这三类交通方式的比例最大，因而，居民出游频率较高，使用目的多数以健身、休闲为主，因而选择出行方式应该与此目的同出一辙，而低碳的步行和自行车也具有健身、休闲功能，从而造成了这一范围中的负相关现象。

b. 比较公交和轨道交通的平均用时发现，其差异应源于速度的不同，在调查中发现，城市中的轨道交通的速度优势非常明显，因而在出行选择上，轨道交通会作为优先选择方式。两者平均用时有近 10 个百分点的差异。

c. 自驾车在城市生态游憩活动中的平均用时居于中下，正如前述由于生态游憩活动本身的特征，居民选择就近低碳的出行方式比例较大；另一方面，由于城市公交体系较为发达，因而在选择上更为自由；增加了自驾车潜在的经济成本。

d. 在调研中，发现包车出游仅出现在城郊公园的空间类型中，较前几种出行方式，平均用时最长，主要原因是此类生态游憩空间距离市中心较远，学生群体或旅游包车出游占据一定的访客比例。

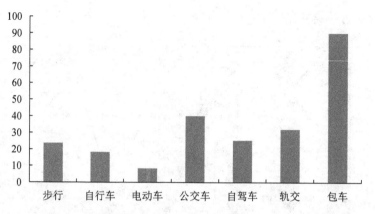

图5.6　到访游客不同交通方式的平均用时（单位：分钟）

5.2.3　到访和逗留时间分析

为了更好地了解上海居民对生态游憩空间的使用习惯和特征，从而对比现有生态游憩资源的空间格局对这些需求特征的适宜性，本研究对居民出游到访各类生态游憩空间的时间选择和游玩逗留时间做了调研，发现如下特征：

（1）如图5.7所示，上海市居民对各类生态游憩空间的到访时间选择上具有相对较为一致的倾向，即选择"周末"的集中度较高，而其他时间选择则较为分散，在图中体现出明显的正态分布的趋势。这一发现与此前图5.2中体现的"上海市居民对于生态游憩空间的使用频度以'每周'的累积比例最高"的特征契合，因为周末无疑是一周中最为适宜的出游时间。

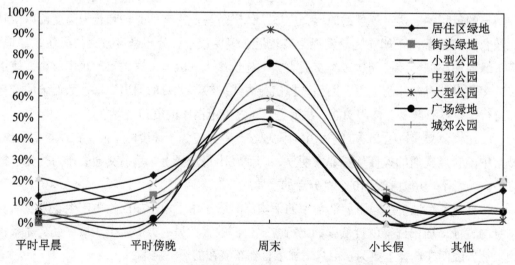

图5.7　居民到访各类游憩空间的时间选择

（2）尽管总体趋势相似，但不同类型的生态游憩空间在时间选择分布的集中度和其他时段出游到访的比例还是呈现着一定的差异。其中，集中度较高的是大型公园、广场绿地和城郊公园，它们集中于周末出游的比例分别占到92%、76%和67%；由于它们规模较大，功能较为综合，吸引辐射半径较大，周末相对而言时间较为充沛，正是出游的较好时机。

（3）在"平时"的两个时段选择上，具有距离优势的小型公园、中型公园、居住区绿地和街头绿地的比例较高。但研究发现，距离最近的居住区绿地和街头绿地都并不具有明显的优势，如小型公园在"平时早晨"的选择比例超过了"居住区绿地"，占到了21%，而中型公园在"平时傍晚"的选择比例则超过了"街头绿地"，占到了18.5%；究其原因，小型公园和中型公园在设施、文化和活动及环境景观方面均具有较大的优势，因而吸引性较强。

（4）在"小长假"的时段选择上，城郊公园比例最高，为16.28%，距离较远而导致的出行时间和经济成本偏高是解释这一现象的主要原因，由于"小长假"的时间较长；出于同样原因，距离较近小型公园和居住区绿地在这一时间段的选择为0；其他类型的生态游憩空间比例居中。

（5）在"其他"时段的选择上，发现距离较近的居住区绿地、街头绿地和小型公园的比例最高，而其他几类游憩空间的比例偏低；原因主要是由于距离较近的游憩空间访问和使用的时间成本低，出游较为便利，时间选择更为灵活，而距离较远的大型的游憩空间则需要一定的心理和物质准备，一般才会有出行计划。

（6）比较居民到访各类游憩空间的逗留时间（见图5.8）的分析中，可以发现逗留时间与生态游憩空间规模的大小基本是成正比的。据调查的案例中，城郊公园规模最大，调查得到的平均逗留时间是295分钟，其次是大型公园（258分钟）；按照空间规模，逗留时间递减：中型公园（99分钟）、广场绿地（89分钟）、小型公园（85分钟）、街头绿地（65分钟）和居住区绿地（37分钟）。

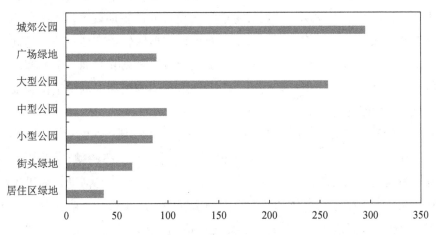

图5.8　居民到访各类游憩空间的逗留时间（单位：分钟）

5.2.4　要素关注度和质量满意度

在城市中开展生态游憩活动的主体是本市居民，在调查中，发现影响游憩空间功能的主要要素的前六位是生态环境、交通便捷、人文活动、游乐项目、餐饮购物和健身设施。在这些要素中，其关注差异也呈现出较为明显的特征，分析这些差异可以进一步指导城市在生态游憩空间的管理和规划等方面的工作，从而更好地满足居民的生态游憩需求。同时，就调查的城市生态游憩空间的案例区而言，对于游憩质量满意度也进行了统计。就游憩要素关注度和质量满意度可以发现如下特征：

（1）在统计游憩空间最为关注的要素中，有 33.14% 的游客选择了生态环境，在六个主要要素中遥遥领先（见图 5.9）。这体现出城市居民对游憩空间中生态环境要素的关注度较高，因而，改善游憩空间的生态环境质量应该是提升城市生态游憩满意度的关键。

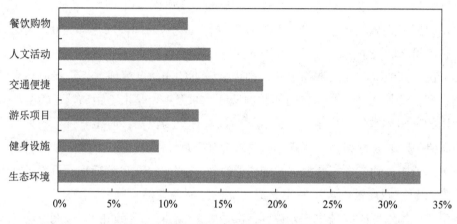

图 5.9　游客对游憩空间各要素的关注度

（2）交通便捷的因素以 18.8% 的比例位居第二，交通因素直接决定城市生态游憩空间的可达性。在调查中也发现，各类游憩空间的吸引半径差别较大，其中交通条件是重要的影响因素，如调查到世纪公园和大宁灵石公园有地铁轨道交通直达，与同等规模的游憩空间相比，其吸引半径更大。因而轨道交通干线的规划和开通，影响和改变了上海生态游憩空间的格局，进一步改善交通条件，创造便捷的交通格局是平衡和改善城市生态游憩空间服务功能的重要工作之一。

（3）人文活动、餐饮购物、游乐项目和健身设施分别以 13.95%、12.92%、11.89% 和 9.30% 的比例得到了游客的关注，同时也体现出游客对生态游憩空间需求的多样化。其中，值得关注的是人文活动，相对较高的关注度体现出文化与活动在居民生活中的地位，因而，在以自然生态为主体的游憩空间的管理中，应重视和加强文脉的挖掘和人文活动氛围的营造，满足现代都市居民在休闲游憩活动中人际交往与文化体验的需求。

（4）在受访的 485 名游客中，有 58% 的游客对于其所在的生态游憩空间感到满意，其次，很满意的占到 22.5%，因而可以认为，上海已有的生态游憩空间的质量总体满意度比较高（见图5.10）。但是，与此同时，有16.5%的游客认为其所在的生态游憩空间存在一些问题有待改进，总体评价一般；并且有3%的游客持不满意态度。对于这些不满意的问题和原因，主要是交通不够方便、餐饮设施和游乐设施不足、收费价格不合理（如一些大型公园门票收费等）及配套服务设施等（如停车场等）原因。因而，如果将基本满意也作为存在不满意因素来看待，那么其与不满意和一般的选择比例合计将达到78%。因而，可以认为，在空间格局改善的同时，改进各个游憩空间内部的要素仍然任重而道远。

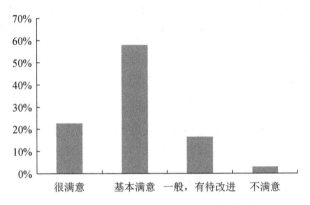

图 5.10　游客到访生态游憩空间的满意度

5.3　小结和讨论

（1）游憩空间规模与吸引半径、出游的时间和经济成本呈正比。居住区绿地、街头绿地和小型公园较为集中在以"每日"和"每周"为单位的频度上，市区内的中型公园、大型公园和城市广场绿地的到访频度的比例是"每月"，城郊公园的到访频度呈现出较为多样化的特点，其中比例最大的为"每年"。上海市居民对于生态游憩空间的使用频度相对较高，但同时居民对生态游憩空间的使用需求与实际的供给格局存在差异，无法对接而导致了不平衡和资源浪费。

（2）在交通方式的选择上也呈现出显著的差异，具体特征如下：选择步行方式到达生态游憩空间的居民比例最大，其次是轨道交通，上海城市轨道的建设扩大了城市生态游憩空间的吸引半径；近年来家庭汽车的发展促进了自驾车出游。距离居民区较近居住区绿地、街头绿地和小型公园选择步行的出行方式比例占绝对优势，中型公园、大型公园广场绿地和城郊公园游客的出行方式较为多样化。需要引起关注的是，与步行方式一样具有健身低碳特征的自行车出行的比例低于预期；这与上海当前城市道路建设中不注重非机动车道建设有很大关联。因此，有必要探求居民对于自行车出行的距离偏好，以指导公园周边的自行车道规划。

（3）上海市居民对各类生态游憩空间的到访时间选择上具有相对较为一致的倾向，

即选择"周末"的集中度较高，而其他时间选择则较为分散，体现出了明显的正态分布的趋势。时间选择分布的集中度较高的是大型公园、广场绿地和城郊公园，在"平时"的两个时段选择上，具有距离优势的小型公园、中型公园、居住区绿地和街头绿地的比例较高。在"小长假"的时段选择上，城郊公园比例最高。可以发现，逗留时间与生态游憩空间规模的大小基本是成正比的。

（4）调查发现影响游憩空间功能的主要要素的前六位是生态环境、交通便捷、人文活动、游乐项目、餐饮购物和健身设施。城市居民对游憩空间中生态环境要素的关注最高。因而轨道交通干线的规划和开通，影响和改变了上海生态游憩空间的格局，创造便捷的交通格局是平衡和改善城市生态游憩空间服务功能的重要工作之一。在以自然生态为主体的游憩空间的管理中，应重视和加强文脉的挖掘和人文活动氛围的营造，满足现代都市居民在休闲游憩活动中人际交往与文化体验的需求。

（5）上海已有的生态游憩空间的质量总体满意度比较高。但与此同时，有近20%的游客持不满意态度，原因主要是交通问题、餐饮设施和游乐设施不足、收费价格不合理（如一些大型公园门票收费等）及配套服务设施等（如停车场等）原因。

第六章　基于服务半径的城市生态游憩空间格局研究

6.1　城市生态游憩空间的服务半径及其影响因素

6.1.1　生态游憩空间的服务半径

所谓服务半径，就是指某地区所服务需求点的地理覆盖范围，其覆盖范围越大，说明该地的服务能力越强，其服务半径越大；反之，若覆盖范围小，则该地区的服务能力相对较弱，其服务半径较小。传统的服务半径的定义是指一个提供服务的原点（货物、物流中心、机场、服务场所等），通过与之直接相连的交通运输线路，从服务原点到接受服务目的地之间的有效距离。从而形成一点近似圆心，向周边辐射和涵盖有效范围的地理影响区域（卢宁等，2014）。

目前，对于服务半径这一概念而言，国外对服务半径研究多见于零售业、移动通信业等其他领域。国内同样多见于零售业、医疗行业、金融业等（嵇昊威和赵媛，2001）。国内外关于城市公园服务半径进行专门研究的文献都还很少（同丽嘎等，2013）。王涛（2007）采用问卷调查的方式找出服务半径的影响因素，并进行相关性分析检验，结合一些具体数据给出了太原市全市性公园的服务半径并根据断裂点理论对其进行了修正。张晓来（2007）则同样利用问卷调查方式获得一些基础数据，确定了老河口市公园绿地服务半径的影响因素，然后从城市公园绿地的生态环境服务功能、休闲游憩服务功能、减灾服务功能这 3 个方面分别计算了服务半径，最后进行对比，分析了内在规律。

服务半径可以应用于各个方面，包括应用于旅游地、商业中心、医院、学校等。关于游憩空间或公园，有人认为区域的服务半径是指居民到达居住区级公共服务设施的步行距离，一般为 800~1000m，在地形起伏的地区可适当减少，并且将区域性公园进一步细化，分为居住区公园和居住小区游园。前者的服务半径为居民步行到达距离不宜超过 800m，步行时间为 8~15min；后者的服务半径为步行到达不宜超过 400m，步行需要时间为 5~8min。还有人对区域性公园的定义如下：面积为 100m×105m 左右，步行 20min 到达，服务半径为 1500m 左右，可供居民半天到一天活动。有的把城市公园的服务半径定义为 2000~3000m，步行需 30~50min 到达，乘公共汽车需要 10~20min 到达。

公园绿地服务半径是依据人步行速度及车行速度来确定的，如市级公园的服务半径为2000~3000m；区级公园的服务半径为1000~2000 m；居住区公园为500~1000m；小区游园的服务半径为300~500m（侯亚凤，孟祥彬，2014）。

6.1.2　生态游憩空间服务半径的影响因素

1.游憩空间的引力因素

（1）空间绿地质量。随着时代的进步、经济的发展和人们环境意识的提高，生活在城市中的居民越来越渴望拥有一个良好的生活空间和优美的环境。城市居民审美情趣的提高和向往自然好奇心的增强，使得人们越来越不满足于简单的城市"披绿"。在增加植物用量和配置复合结构的植物群落前提下，对植物造景的美学及艺术性上提出了更高的要求，这一切都需要进一步提高城市绿地的科学性、功能性、可行性与景观观赏特性。如果充分考虑到人这一最终的服务对象，强调人与自然的交流与共生，并开始注重于传递地域文化特色和时代精神，同时提高可达性，就更能吸引居民到城市公园绿地中游憩。质量良好的城市公园绿地能够增加自身的吸引力，在空间上拓展了服务范围，能够更好地为居民提供服务，因此，其服务半径也就相应增大。

（2）空间特色与文脉。绿地、水域等是公园共有的特点，但各个公园还应有自身特色。如果公园有特色，如科教内容、文化遗存等，会更有吸引力。上海市闵行区虹桥街道的井亭绿地，结合当地一口历史古井进行规划建设，使得绿地增添了文化的内涵，达到了寓教于乐的目的，并扩大了服务半径。

（3）经济性特征。若公园收费，肯定会影响部分人的游憩目的地选择，从而影响其服务半径。

（4）空间容量。服务半径内来的人数上限一定要小于或等于人数容量的上限，否则，就会在游园高峰期出现人满为患的景象，从而失去了休闲游憩服务的目的。生态环境承载量可分为水环境承载量状况、大气环境承载量状况和土壤环境承载量状况等。生态环境承载量是指生态环境自恢复能力所允许的人数。

2.城市人口分布和行为特征

（1）人口分布状况。人口的空间分布影响着服务半径的大小，城市生态游憩空间是为人服务的，如果失去了人这一主体对象，那么它的服务功能就会受到影响。人口的年龄和性别构成都会影响城市服务半径的分布，因为它们直接决定了居民对游憩空间需求的多少和类型；人口与活动空间的连接则影响了出行的时间、花费，以及起点到终点的便利程度；活动直接受终点的空间分布影响。

（2）人口密度。这里的人口密度指居民的密度。人口的相对密度会对公园的服务半径产生影响，在公园面积一定的情况下，人口越密集，其服务半径越小，反之越大。同时公园在出现地震等灾害的时候，可起到避震救灾的作用，因此，从另一个方面说明人口密集区，要有一个较小的服务半径。

（3）城市居民的习惯及心理。日常生活中，人们"愿意"到某个地点活动，是因为感觉在那里能够心情愉悦，精神放松，这种"偏好"实际上就是一种环境对人的"吸引力'"。环境优美、空气清新的城市公园更能吸引居民去游憩。著名心理学家考夫卡利用物理学中"场"的概念来解释人的行为，他认为行为就是一种"场"，这种"场"分为两大系统，一部分是环境，一部分是自我，二者不可分离，环境是自我的环境，自我是环境里的自我。心理场除了具有物理场的一般特性外，还具有敏感性，即与自然界的场相比，心理场更容易接受其他力量的影响，因而，由此引起的变化比较突出。因此，城市公园绿地服务半径对人也是一种"场"，是对人这一主体的一种吸引力，在城市生态空间服务半径上也发挥着作用。

3. 游憩空间的可达性因素

可达性反映了人们对城市生态游憩空间的利用程度，体现了城市生态空间价值的空间分布。景观可达性可以衡量绿地给居民提供服务的可能性和潜力，若景观可达性较好，则说明游憩系统为人们服务的潜力更大，可实现其更大的价值，则服务半径就越大，反之越小。

城市阻力（山体、水体、建筑、道路等）的大小，极大地影响着其服务半径的大小，由于城市生态游憩空间受到上述阻力的影响，在局部会受到阻碍，导致相应的服务半径缩短。城市阻力可归结为土地利用性质（如居住、工作、购物、文化娱乐等）和土地使用的空间分布（如位置、规模、强度等）。城市阻力在一定程度上影响着城市生态游憩空间部分服务功能的发挥（如休闲游憩、救灾避灾），制约着服务半径。

公园的可到达性包括如下几个方面。

（1）有没有通向公园的交通干线。上海市的许多交通干道都与公园相连，如此多的干道会使居民到达公园更方便，增大了城市生态游憩空间的服务半径。

（2）有无直达的公交系统。到达公园的公交车都较多，也能增大它们的服务半径。

（3）路面是否平坦。上海位于平原地区，地势平坦，所以，路面对交通的影响不是很大。

（4）有无天然阻挡，如河流，具体针对上海就是黄浦江，由于江河的阻挡，居民到公园不方便，会缩小其一侧的服务半径。

表 6.1 所示为城市生态游憩空间服务半径的因子系统。

表 6.1　城市生态游憩空间服务半径的因子系统

影响因素	因子	量子	作用向
游憩空间的引力因素	空间绿地质量	绿地面积	+
	空间特色与文脉	历史与知名度	+
	空间容量	生态容量值	−
	经济性特征	收费制度	−

续表

影响因素	因子	量子	作用向
城市人口分布和行为特征	人口组成结构	年龄和性别比	
	人口密度	密度值	−
	居民的习惯及心理	到访率	+
游憩空间的可达性因素	交通干线	公路车道数	+
	直达公交系统	直达公交线路数	+
	城市轨道交通	有无	+
	天然阻挡	有无	−

6.2 上海生态游憩空间的服务半径的调研和分析

6.2.1 服务半径的调查和分析的方法

1. 调查内容

调查的核心内容就是调查受访者从出发地到达的城市生态游憩空间的服务半径，所以，可以通过两种方式得到这种距离，第一就是受访者调查问卷中自己回答的距离，第二是通过受访者所回答的到达时间和到达的交通方式间接计算得到，即"交通方式（速度）"×"时间"="距离"。分析调查中，记录的时间不包括堵车或在车站等公交车所耽搁的时间，但是在交通岔口红绿灯处耽搁的时间或公交车的停站时间要算在记录时间中，除此之外，只计算在行进过程中的时间。本文所记录的受访者回答的到达时间是具体到分钟的数值。

受访者到公园采用的交通方式，因到达速度的不同，可以归类为以下 5 种：步行、自行车、公共汽车、私家车或出租车或摩托车、轨交交通。通过实地测量、调查权威数据等，考虑到上海的交通状况，将以上 5 种交通方式的速度概括如下：步行约为每分钟 50 米，自行车约为每分钟 150 米，公共汽车或电动车约为每分钟 400 米，私家车或出租车或摩托车约为每分钟 600 米，轨道交通约为每分钟 1200 米。

2. 分析方法：缓冲区分析

缓冲区是地理空间目标的一种影响范围或服务范围在尺度上的表现。它是一种因变量，由所研究的要素的形态而发生改变，根据空间要素的形态可分为点、线、面的缓冲区。缓冲区分析就是对一个、一组或一类空间对象按照某个缓冲距离建立其缓冲区多边形，然后将原始图层与缓冲区图层相叠置，进而分析两个图层上空间对象的关系的过程。

从数学的角度来说，缓冲区就是给定空间对象的邻域，邻域的大小由邻域半径 R 或者缓冲区建立条件来确定。缓冲区分析可以解决公共设施（商场、邮局、银行、医院、学校等）的服务半径等问题，如图 6.1 所示。

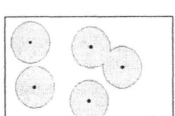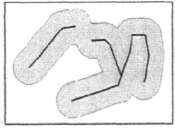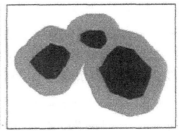

图 6.1 点状、线状和面状缓冲区分析

6.2.2 调查案例空间介绍

调查案例空间主要包括六大类型：公共绿地、居住区绿地、交通绿地、附属绿地和生产防护绿地、位于市内或城郊的风景区绿地（包括风景游览区、休养区、疗养区等）。其中，可用于城市生态游憩空间的主要有公共绿地（城市公园、街头绿地、城市广场绿地）、居住区绿地、风景区绿地 3 类。本研究选取 9 处上海城市生态游憩空间进行实地调研，类型涉及小区绿地、社区公园、城市公园、城郊绿地、公共开放游憩带。

1. 上海海湾国家森林公园

上海海湾国家森林公园位于上海市奉贤区海湾镇五四农场境内，距上海市中心 60 千米，是以森林为主体，融苗木生产、休闲观光、科学研究和科普教育为一体的模拟自然的大型人工城市生态森林。上海海湾国家森林公园总公园占地面积 16000 亩。园内植树达 420 多万株，植物种类达 79 科 342 种。其中，开园面积 4500 亩。三大旅游板块包括游乐活动区（包括游乐园、森林卡丁车、森林跑马、森林烧烤等）、水上活动区（农家菜、游船码头、梅林春晓、天喔茶庄等）、文化观赏区（蕴含了多种文化元素，集中展示了民间精品收藏，传扬中国民族文化）。

2. 上海世纪公园

世纪公园位于上海内环线中心区域内，公园占地面积 140.3 万平方米。公园以大面积的草坪、森林、湖泊为主体，体现了东西方园林艺术和人与自然的融合，设置了乡土田园区、观景区、湖滨区、疏林草坪区、鸟类保护区、国际花园区和小型高尔夫球场 7 个景区，以及露天音乐剧场、儿童游乐场、垂钓等活动场所，建有高柱喷泉、音乐旱喷泉、四季园、世纪花钟、大型浮雕、林间溪流、卵石沙滩、银杏大道、缘池等园林景观。

3. 黄兴公园

上海黄兴公园位于五角场的市级副中心南端，杨浦区国顺东路，占地 62.4 万平方米。公园设计立意是塑造都市"森林"，模拟自然山水，强调植物造景，营造具有自然山水品质的都市休闲性绿地。园内种有植物品种 180 余种。景点环绕占地 8.7 万平方米的浣纱湖布局，湖的四周或丘陵起伏，或缓坡伸入湖面，或平台广场绿水相连，景色秀丽迷人。

4. 大宁灵石公园

大宁灵石公园总面积为 68 万平方米，是上海浦西最大的公园。公园在设计理念上注重文化内涵，以人为本，构建"人与自然的和谐共处"，在设计风格上崇尚师法自然，传承历史，讲究中西合璧，古今相融，营造成一个叠山理水，起伏多变丘陵式的地貌为特色，以自然山水为框架，以丰富多彩的乔木、灌木、草坪、地被植物和沪上不多见的沼泽给予有机配置，形成景色各异的大型生态景观公园。整个公园植乔木、灌木 31 万株，各式草坪、地被植物 21.6 万平方米，植物品种多达 200 余种。

5. 鲁迅公园

鲁迅公园，原名虹口公园，位于上海市虹口区四川北路，占地面积 28.63 万平方米，始建于清光绪二十二年（1896 年），是上海主要历史文化纪念性公园和中国第一个体育公园。鲁迅公园地理位置优越，闹中取静，年游客量达 700 多万人次。园内有国家级文物保护单位，如鲁迅墓、鲁迅纪念馆，以及震撼近代史的尹奉吉义举纪念地梅园。总体上保留了英国风景园的特点。鲁迅馆内的陈列品重点表现了鲁迅在上海 10 年的社会活动和文化生活。鲁迅墓为全国重点文物保护单位，1956 年鲁迅逝世 20 周年时，鲁迅墓由万国公墓迁葬于此。

6. 名人苑

上海名人苑位于上海浦东新区主干道张杨路一侧，交通便利，占地 9.5 万平方米，绿化面积达 78%。园内由喷泉广场、中心湖泊及各种树草葱郁的绿地组成。苑内湖泊碧水如镜，两桥相连，形成内湖及外湖，湖面垂钓荡舟各得其所，湖岸桃红柳绿，绿树成荫。12 座世界级名人雕像点缀其间，中外文化科技名人聚于一堂，透露出浓浓的文化氛围，名人苑的称谓由此而来。名人苑作为"大公建"礼区绿地配备，园林免费为周边社区居民全天候开放。

7. 滨江大道

从泰东路沿黄浦江一直到东昌路，与浦西外滩隔江相望，是集观光、绿化、交通及服务设施为一体的沿江景观工程。它由亲水平台、坡地绿化、半地下厢体及景观道路等组成，长 2500 米。滨江大道采用了具有层次的立体设计。滨江大道每段都巧妙地建成标高 7 米的防洪体，为抗御千年一遇的洪汛、保护陆家嘴地区的安全发挥着实质性的功能。滨江大道沿江建立了数百米的亲水平台，是浦江沿岸迄今最靠近江水的游览平台，这为广大游客提供了与母亲河人水亲密相近的环境。

8. 滴水湖

滴水湖位于上海市浦东新区临港新城，它是目前在尚未成陆的海滩上填海造陆开挖的国内最大人工湖。该湖呈圆形，总面积为 556 万平方米。滴水湖是国内最大的淡水人工湖。滴水湖以"绿色、天然、高科技"为开发理念，充分发挥其区位及生态优势。结合都市、生态、海洋等主要特色，开拓创新性项目，突破性地全力发展旅游业，开发上海的旅游体系。

9. 云和花园（小区绿地）

云和花园位于新闸路延平路口，由 2 幢 28 层高层组成，底下 3 层裙房为商铺，整个小区总户数 400 余套。小区内部精致典雅，绿化小品点缀其间，大堂、宽敞、整洁大方，周边则各种生活配套设施有待完善。地段位置闲静，周边配套成熟，比较适宜居住。

6.2.3　服务半径的调查结果和分析

1. 不同交通方式的吸引半径

本研究调查了上海 9 处生态游憩空间的 485 名游客出行的交通方式和使用的时间（见图 5.4 和图 5.5），统计如表 6.2 所示，不同类型的城市生态游憩空间的交通方式呈现出较大的差异；根据调查出的不同交通方式的平均用时，并结合上海市的交通速度可以统计得到各类交通方式下的城市生态游憩空间的平均吸引半径（见表 6.3），这里假定公路和轨道交通在全市完备程度相当。

正如前述，在调查的对象中，在研究的 7 类交通方式中，选择步行的比例最高，达到 30% 以上，根据统计和计算结果，步行的平均用时是 23.7 分钟，按照每分钟 50 米的步行速度，上海城市生态游憩空间的步行的平均吸引半径是 1185 米。用同样的计算方法，可以得到自行车的平均吸引半径是 2730 米，电动车和公交车的速度基本相当，但是由于平均时长不同，所以，其平均吸引半径差异较大，分别时是 3320 米和 16 000 米；自驾车的平均吸引半径是 15 180 米，轨道交通的吸引半径是 38 400 米；此外，对于城郊边缘地区的大型生态游憩空间特有的包车交通方式，其平均吸引半径为 38 400 米，但其基本的方向指向是市区。

表 6.2　上海居民到访城市生态游憩空间的主要交通方式选择

	步行	自行车	电动车	公交车	自驾车	轨道	包车
居住区绿地	√						
街头绿地	√	√	√				
小型公园	√	√	√		√		
中型公园	√	√		√	√	√	
大型公园	√	√		√	√	√	
广场绿地	√	√			√		
城郊公园	√	√		√	√		√

表 6.3　基于不同交通方式的上海城市生态游憩空间吸引半径

交通方式	速度（米/分钟）	平均时长（分钟）	平均吸引半径（米）
步行	50	23.7	1185
自行车	150	18.2	2730
电动车	400	8.3	3320
公交车	400	40	16 000

交通方式	速度（米/分钟）	平均时长（分钟）	平均吸引半径（米）
自驾车	600	25.3	15 180
轨道交通	1200	32	38 400
包车	600	90	54 000

2. 服务半径的确定

根据对 9 个案例空间区访客的调研结果，发现规模、特征和位置差异均会对实际的服务半径产生影响，因而，研究将根据实际调研得到的交通方式和使用时间计算不同类型的游憩空间的服务半径，同时，由于步行是居民进行生态游憩最重要的交通方式（见图 5.4），因而以调研得到的各类空间步行平均距离为标准得到的半径为核心服务半径，而以其他交通方式距离为标准得到边缘服务半径为潜在服务半径。

具体计算标准如下：

（1）核心服务半径：以调研得到的各类空间步行平均距离为标准。

（2）边缘服务半径：以调研得到的各类空间自行车和电动车平均距离为标准。

（3）潜在服务半径：以调研得到的各类空间公交和自驾车平均距离为标准，除城郊公园以自驾出行和包车出游平均距离为标准。

计算得到的上海城市生态游憩空间服务半径如表 6.4 所示，其中居住区绿地几乎所有的到访者都是以步行为出行方式，街头绿地则以步行、自行车和电动车为出行方式，因而，在这两类空间的服务半径确定过程中，省去边缘服务半径和潜在服务半径的计算。

表 6.4 上海城市生态游憩空间服务半径的确定（单位：m）

空间类型	核心服务半径	边缘服务半径	潜在服务半径
居住区绿地	250	—	—
街头绿地	500	800	—
小型公园	650	1200	3000
中型公园	800	2500	16 500
大型公园	1000	4500	25 000
广场绿地	1180	3000	27 000
城郊公园	1900	3000	50 000

根据表 6.3 中的平均步行吸引半径，对上海城市主要生态绿地空间进行缓冲区分析，可以得到图 6.2 所示的上海城市生态游憩空间服务的步行吸引半径，可以发现，步行半径的辐射区在上海各区的差异非常明显，其主要源于上海整体生态游憩空间的分布差异。

图6.2 上海城市生态游憩空间服务的步行吸引半径

同样，根据表6.3对生态游憩空间服务半径的确定，图6.3体现出核心、边缘和潜在服务半径的缓冲区分布情况。规模较大的生态游憩空间，其服务半径较大，所辐射的服务范围也较大，此类生态游憩空间多分布在市中心城区外的嘉定区、松江、宝山、闵行和青浦区，浦东和崇明也有几处规模较大的游憩空间；但是由于这些区域面积较大，所以，得到的核心和边缘服务面积仍非常有限；而市中心地区，尽管少有大型生态游憩空间分布，但中小型的空间较为均匀地分布其中，因而得到的核心和边缘服务半径几乎覆盖了全区大部分面积。尽管依据机动车计算的潜在空间服务半径覆盖了上海的全部区域，但这无疑将增加市民出行的时间和经济成本，而且，以机动车为出行工具的生态环境成本也较高，不符合生态旅游的本质特征，因此，改善这一格局对市民出游的不利影响是未来工作的重要任务。

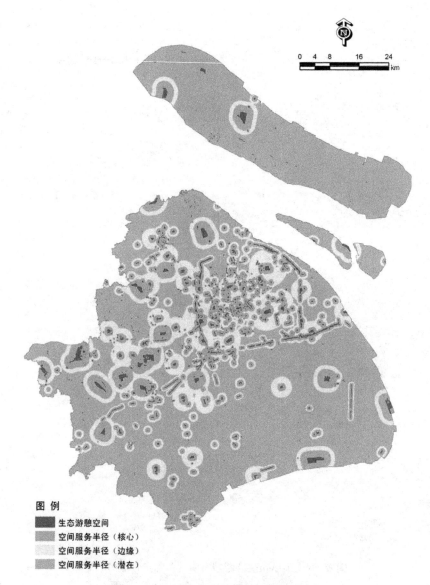

图 6.3　上海城市生态游憩空间服务的半径

6.3　上海生态游憩空间的服务范围的空间分异

6.3.1　上海生态游憩空间的服务适宜度分级

根据表 6.3 中各类城市生态游憩空间核心服务半径计算服务面积，同时通过服务面积比来评价城市生态游憩空间的分布和服务情况，可以得到表 6.5。计算方式如下：

服务面积比＝服务面积／研究区总面积 ×100%

据表 6.5 对计算出的核心服务面积比进行了排序，可以发现，上海各区的服务面积比差异较大，其中卢湾区最高达到 84.84%，静安、长宁、黄浦和虹口等区均达到 70%以上。而最低的金山、奉贤和崇明三区却在 10% 以下。

表 6.5　上海城市生态游憩空间核心服务面积比

排序	行政区	核心服务面积（km²）	服务面积比（%）
1	静安区	24.41	65.94
2	黄浦区	16.21	79.42
3	长宁区	28.52	77.08
4	虹口区	17.13	73.27
5	普陀区	34.79	63.01
6	徐汇区	32.53	58.98
7	杨浦区	34.66	57.14
8	松江区	202.48	33.48
9	宝山区	80.83	26.93
10	嘉定区	119.62	26.11
11	青浦区	171.12	25.30
12	闵行区	90.84	24.39
13	浦东区	242.34	19.29
14	奉贤区	58.6	8.25
15	金山区	47.3	7.92
16	崇明区	83.12	6.34
合计		1284.5	19.54

　　对生态游憩空间核心服务面积比进行分级，可以体现城市生态游憩空间的空间格局的特征。从使用者的角度分析，城市生态游憩空间的这一空间特征主要是可达性和使用的便捷性的体现，因此，本研究为了得到更加直观的研究结果，用于比较各区的差异和等级特征，将生态游憩空间核心服务面积比定义为服务适宜度，即生态游憩空间服务居民的适宜程度的空间可达性；并进行分级（分 A、B、C、D 和 E 五级），分别以服务面积比的 80%、60%、40% 和 20% 为分界点，因此，结合本研究结果可以得到表 6.6。

　　表 6.6 揭示出的上海城市生态游憩空间的服务适宜度分级结果可以看出，整体生态游憩服务适宜度不高，没有一个区达到 A 级标准，大多数处于 B 级到 D 级的中间区域，最低的 E 级仍有 4 个区。这样的中低水平的空间格局影响了市民游憩需求的适宜度，暂不考虑交通道路因素，仅从直线距离的服务半径角度分析得到的游憩空间的适宜度格局已经产生了许多空白区域，这意味着目前上海生态游憩空间的格局很大程度上影响和制约了上海市民生态游憩的需求的实现。

表 6.6　上海城市生态游憩空间的服务适宜度分级结果

等级	分级标准（服务面积比）	分区
A 级	100%~80%	无
B 级	80%~60%	静安区、黄浦区、长宁区、虹口区、普陀区
C 级	60%~40%	徐汇区、杨浦区
D 级	40%~20%	松江区、宝山区、嘉定区、青浦区、闵行区
E 级	20%~0%	浦东区、奉贤区、金山区、崇明区

6.3.2 上海生态游憩空间的服务范围空间分异

在空间差异分析中，将研究结果体现在 GIS 分异图中（见图 6.4）。综合而言，位于市中心的黄浦区、徐汇区、长宁区、静安区、普陀区、虹口区、杨浦区分布集中，面积较小，因而，在全市的空间分异分析中，统一为市区单位进行比较；其他区包括闵行区、宝山区、嘉定区、浦东新区、金山区、松江区、青浦区、奉贤区；另有崇明区。同时，为了揭示市区内各区间的差异，研究也对各区进行了比较（见图 6.5）。

研究发现，上海城市生态游憩空间服务格局的空间差异呈现出如下特点：

（1）各区空间差异较大（见图 6.4），其中市区核心服务面积比较高，均达到 60% 以上；而其他区的核心服务面积比较低，从而也体现出生态游憩空间格局的不平衡。

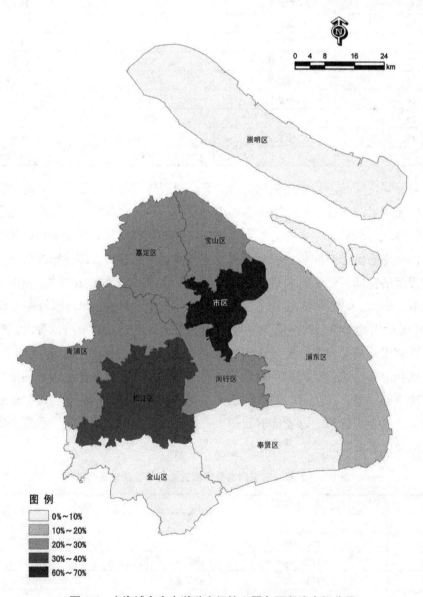

图 6.4　上海城市生态游憩空间核心服务面积比空间分异

（2）松江区是市中心以外，核心服务面积比较高的区域，拥有一些规模的生态游憩空间，达到30%以上；其次是宝山、嘉定、青浦和闵行区，均达到20%以上；浦东区近年来社会经济发展较快，生态建设也卓著成效，拥有世纪公园等大型的生态游憩空间和其他空间类型，但布局不够均衡，总面积过大，使得其核心服务面积比仅为19.29%；最后是金山、奉贤和崇明等区，比例均低于10%。

（3）如图6.5所示，尽管市中心区的核心服务面积比较其他各区较高，但其内部的8个区仍然存在差异，静安、黄浦、虹口和长宁在70%以上，普陀和闸北区是60%以上，而徐汇和杨浦是50%以上。然而，这些区域人口密度大，人均所得的生态游憩空间非常有限，尽管出游的便捷程度占据优势，但仍难以满足居民对高质量的生态游憩空间的需求。

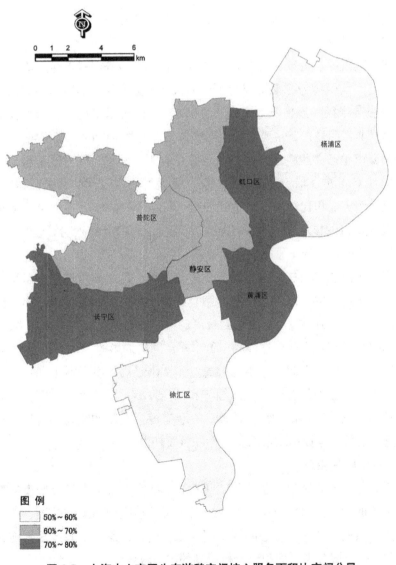

图6.5　上海中心市区生态游憩空间核心服务面积比空间分异

6.4 小结和讨论

6.4.1 主要结论

（1）游憩空间或公园的服务半径是指居民到达居住区级公共服务设施的步行距离。生态游憩空间服务半径的影响因素包括游憩空间的引力因素（绿地质量、特色与文脉、经济性特征和空间容量）、城市人口分布和行为特征（人口分布状况、人口密度和城市居民的习惯及心理）、游憩空间的可达性因素（交通、地形等）3个方面。

（2）在上海生态游憩空间的服务半径的调研和分析中，调查受访者从出发地到达的交通方式和时间，并运用缓冲区分析方法，分析计算的服务半径等问题。上海城市生态游憩空间的步行、自行车、电动车、公交车、自驾车和轨道交通的平均吸引半径分别是1185米、2730米、3320米、16 000米、15 180米和38 400米；对于城郊边缘地区的大型生态游憩空间特有的包车交通方式，其平均吸引半径为38 400米，但其基本的方向指向是市区方向（见附录A）。

（3）调研发现规模、特征和位置差异均会对实际的服务半径产生影响，以调研得到的各类空间步行平均距离为标准得到的半径为核心服务半径，而以其他交通方式距离为标准得到边缘服务半径和潜在服务半径（见附录A）。可以发现，步行半径的辐射区在上海各区的差异非常明显，其主要源于上海整体生态游憩空间的分布差异。

（4）根据城市生态游憩空间核心服务半径计算服务面积，同时通过服务面积比来评价城市生态游憩空间的分布和服务情况，可以发现，上海各区的服务面积比差异较大，中心市区的核心服务面积比较高，均达到60%以上，其中静安区、黄埔区等较高，达到70%以上；而其他区的核心服务面积比较低，而金山、奉贤和崇明等区却在10%以下。体现出生态游憩空间格局的不平衡。

（5）按照生态游憩空间核心服务面积比进行分级，可以体现城市生态游憩空间的空间格局的特征，揭示出的上海城市生态游憩空间的服务分级结果可以看出，整体生态游憩服务适宜度不高，目前仍没有区域达到最高的A级标准，大多数处于B级到D级的中间区域，最低的E级有4个区。这样的中低水平空间格局影响了市民游憩需求的适宜度。

（6）上述特点决定了上海城市生态游憩空间在满足居民游憩需求和发展方向上的特点和差异，即中心城区外的各区是上海经济和社会发展重要的潜力空间，同时也是人口密度相对较低而且增长较快的地区，因而，在生态游憩空间的完善和管理过程中，纳入城市发展和建设的规划是提高城市的宜居性的重要任务。

6.4.2 问题的提出

（1）基于服务半径的城市生态游憩空间格局的研究发现，上海市城市生态游憩空间格局具有不平衡的特点。原因有两方面：一是生态游憩空间布局的差异，如市中心属于上海发展较为成熟的老城区，生态游憩空间较为均衡；二是市中心区较其他各区而言面积较小，因此，按照服务半径面积比分析得到的结果较优。

（2）服务半径的研究仅从使用者的角度分析了生态游憩空间格局，主要体现了居民使用的可达性和便捷性的服务适宜度，并没有从生态游憩空间的质量、结构和功能等角度分析其特点和差异。然而，在研究中发现，这一服务适宜度评价的结果（见表6.6）处于较优等级（B级）的静安区、黄浦区、长宁区、虹口区等区，据2016年数据统计（见表6.7），其人均公园绿地面积分别仅为2.75平方米、2.63平方米、6.75平方米和1.93平方米，均低于7.01平方米的平均值，更远远低于服务适宜度仅为E级的浦东新区的12.01平方米的值。当然，市中心的人口密度大是造成这一结果的主要原因之一。

表6.7　2016年上海各区人口密度、人均绿地面积和公园绿地面积

地区	人口密度（人/平方千米）	人均绿地面积（公顷）	人均公园绿地面积（公顷）
虹口区	34 314	54.42	1.93
黄浦区	32 072	50.45	2.63
静安区	28 953	4.18	2.75
杨浦区	21 561	12.26	3.65
奉贤区	1698	15.41	4.18
普陀区	23 387	7.19	4.83
徐汇区	19 825	10.22	4.95
崇明区	590	5.12	5.18
松江区	2914	10.65	6.37
长宁区	17 982	29.32	6.75
青浦区	1813	33.54	6.86
金山区	1374	115.06	8.17
嘉定区	3403	66.75	8.49
闵行区	6850	96.22	9.69
宝山区	7493	94.16	11.62
浦东新区	4545	440.38	12.01
全市	3816	54.57	7.83

注：①表格内容按照各区的人均公园绿地面积大小进行了排序。
　　②2016年闸北区与静安区合并。

因此，在肯定基于服务半径分析揭示出的区域差异和现象对于优化和平衡城市生态游憩空间格局的重要价值的同时，应当明确这对于全面了解上海城市生态游憩空间的特征和功能是远远不够的，因此，本研究将在后面的章节中综合生态、经济和社会等多维度的因素开展研究，以更为科学系统地评价上海城市生态游憩系统的功能，发掘其本质特征和动力机制，从而为改善上海城市生态游憩空间的结构和布局提出具有参考意义的结论。

第七章　城市生态游憩空间的服务功能评估

7.1　城市生态游憩空间服务功能

7.1.1　休闲游憩服务功能

城市公园绿地是城市的起居空间，是城市居民的主要休闲游憩场所，其活动空间、活动设施能够为城市居民提供大量的户外活动，承担着满足城市居民休闲游憩活动需求的主要职能，是城市公园绿地最主要、最直接的功能。城市公园绿地的主体是由公园、游园和风景名胜等组成的。园林绿地比较贴近人们的生活空间，它满足了当代城市居民返璞归真、向往大自然的愿望，同时达到了游憩、锻炼、娱乐、社交活动的目的。供居民休闲游憩，提供健康、舒适的休闲环境是城市公园绿地建设的根本目标之一，也是早期城市公园绿地建设的初衷。

城市公园是城市中最具自然特性的场所，往往伴有水体和大量的绿化，是城市的绿色物质景观，它和城市的道路、建筑等灰色硬质景观形成了鲜明的对比，使城市景观得以软化，同时公园也是城市的主要景观所在，在阻隔性质相互冲突的土地使用、降低人口密度、节制过度的城市化发展、有机组织城市空间和居民的行为等方面具有不可忽视的作用。城市公园绿地多以植物造景为主，结合园林小品和形式多样的园林构筑物，从而形成了一幅优美的画面。它的绿色植物空间与周围建筑的实体空间形成了刚柔对比、高低错落、丰富多变的城市图底关系，丰富了城市的空间层次感，提升了城市的整体形象感。

上海市民对公共文化场所利用状况的调查分析结果发现：公园绿地成为最受市民青睐的公共文化场所。据统计，2018年"十一"假日期间，全市各主要公园累计游客游园量达652万人次。其中，野生动物园累计接待游客31.13万人次，同比增长38%；世纪公园累计接待游客12.15万人次，同比增长16%。

7.1.2　生态环境服务功能

城市生态系统具有开放性、依赖性、脆弱性等特点，极易受到人类活动的干扰和破坏，引起城市生态系统的失衡，导致城市"生态环境危机"的出现。近年来，快速的城市化进程使得大量的人造建筑取代了自然地表，极大地改变了城市的生态环境，影响人类的身体健康和生活环境。绿地是植被生长、占据、覆盖的地表和空间。城市绿地是指用以栽植树木花草、布置配套设施，并由绿色植物所覆盖，且赋以一定功能与用途的场地。城市绿地可以通过植物的蒸腾、蒸散、吸收、吸附、反射等功能，降低温度，增加湿度，固碳释氧，抗污染（吸收粉尘、Cl_2、SO_2、CO 等），降低噪声，保护生物多样性等。随着生态城市概念的提出、建设和发展，人们日益注意到城市绿地的生态意义。作为城市的"绿肺"，公园在改善环境污染状况、有效地维持城市的生态平衡等方面具有重要的作用。

关于城市绿地生态环境效应的研究，主要集中在降温、增湿、固碳释氧、降噪、抗污染、保护生物多样性6个方面。除了太阳辐照量之外，影响城区绿地生态效应的绿地特征因素，主要可以总结为以下几个方面：绿地面积、绿地形状（长宽比、高度、边界曲度、周长面积比等）、绿地景观结构、绿地内部组成、植被指数（NDVI、LAI、VF、TVX 等）、生物量等景观生态因子。

7.2　城市生态游憩空间功能评估体系的构建

7.2.1　评估体系构建的实现目标和指标选择

1. 基于使用的可达性目标

可达性反映了人们对城市生态游憩空间的利用程度，体现了城市生态空间价值的空间分布。景观可达性可以衡量绿地给居民提供服务的可能性和潜力，若景观可达性较好，则说明游憩系统为人们服务的潜力更大，可实现更大的价值，则服务半径就越大，反之越小。因此，在本研究中可达性目标将运用服务半径的研究结果，即服务半径覆盖率（核心服务半径）来体现（第六章中已有研究）。

生态游憩空间的空间布局是影响可达性的重要因素，以各个生态游憩空间为圆心的服务半径所覆盖的范围和所占整体区域的面积将体现居民使用可达性水平。本研究根据2016 年上海各区的游园人数和公园个数进行统计分析（见图 7.1），发现游园人数与公园个数呈现较为明显的相关性，即公园个数较多的区域，其接待游园的人数也较多。就景观生态学中的斑块理论分析，斑块的数量越多，其影响的空间范围也越大。因而，城市生态游憩空间的数量特征将直接决定其服务半径的覆盖率，进而影响使用的可达性。

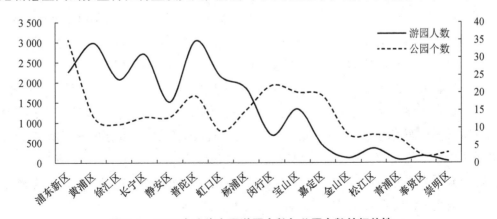

图 7.1　2016 年上海各区游园人数与公园个数的相关性

注：2016 年闸北区与静安区合并。

2. 基于需求的人均占有量目标

从游憩需求的角度分析，城市生态游憩空间的规模大小，不仅考虑绝对的面积数量，而且要考虑城市居民的人均占有量，这也反映了城市生态游憩空间在供给需求方面的能力。本研究将采用人均公共绿地面积来体现。人均公共绿地面积指公共绿地面积的人均占有量，以平方米/人表示，我国生态市达标值为 ≥ 11 平方米/人。

自 2001 年以来，上海市绿地面积稳步增长，全市绿化覆盖率由 1978 年的 8.2% 增加到目前的 38.8%，增长了 30.6 个百分点，尤其是自 2003 年以来，绿化覆盖率达到 35% 以上，并呈现稳步增长的态势（见图 7.2）。可以说上海市的城市建设正逐步实现生态化发展的目标。

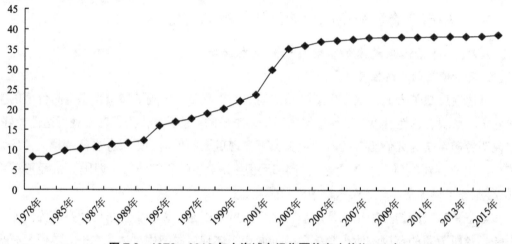

图 7.2　1978—2016 年上海城市绿化覆盖率（单位：%）

然而，城市绿地面积的快速增加，并不意味着居民对于城市生态游憩空间需求得到根本性的改善。从图 7.3 中可以看出，近 15 年来，上海人均公共绿地面积并没有突破性的进展，近几年一直维系在 7~8 平方米/人，在 2016 年上海市公共绿地面积仅为 7.834 平方米/人。究其原因，一方面是人口的增加部分抵消了城市绿地面积增加的绝对量；另一方面的原因是，城市绿地面积中有很大一部分是企事业单位的附属绿地、生产性绿地及街道绿地，并不能够被居民用于游憩使用，因而无法纳入统计当中。

图 7.4 体现了上海各区人均公共绿地面积的差异，可以看出，浦东新区、宝山区、闵行区、嘉定区和青浦区 5 个区人均公共绿地的面积较高，近年来基本能够等于或大于 10 平方米/人；而黄浦区、徐汇区、杨浦区、虹口区、静安区（2016 年闸北区与静安区合并）等市中心的人均公共绿地面积较低，如虹口区 2016 年仅为 1.927 平方米/人。造成这一差异的主要原因是由于市中心地区人口稠密，空间有限；而近郊等区人口密度较小，范围较大，区域绿色生态空间拓展潜力较大。

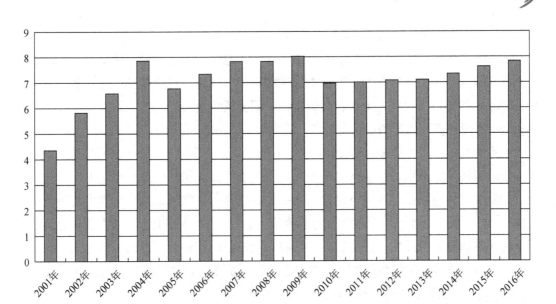

图 7.3　2001—2016 年上海市人均公共绿地面积（单位：平方米 / 人）

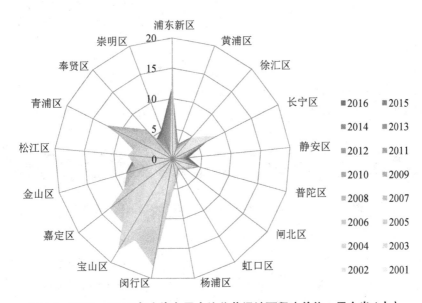

图 7.4　2001—2016 年上海各区人均公共绿地面积（单位：平方米 / 人）

3. 基于生态的系统完整性的目标

景观生态学中的重要理论岛屿生物地理理论是研究岛屿物种组成、数量及其他变化过程中形成的。其主要观点就是岛屿面积与物种组成和种群数量有密切关系，即岛屿面积是决定物种数量的最主要因子的论点。1962 年，Preston 最早提出岛屿理论的数学模型。后来又有不少学者修改和完善了这个模型，并和最小面积概念（空间最小面积、抗性最小面积、繁殖最小面积）结合起来，形成了一个更有方法论意义的理论方法。景观具有空间分异性和生物多样性效应，由此派生出具体的景观生态系统原理，如景观结构功能的相关性，以及能流、物流和物种流的多样性等。

因而，在本研究中，体现和衡量生态游憩空间的生态服务功能将选择单个斑块空间的面积来作为其生物多样性和生态功能实现的指标。同时，考虑可操作性，本研究将选择公园绿地的平均面积大小来代表此类指标，即公园绿地面积越大，则其生态服务功能越完整，越能代表其生态的系统完整性的特征。

4. 基于城市建设的空间规模的目标

公园绿地是城市生态游憩空间最为重要的组成部分，同时也是实现城市宜居和休闲功能的重要载体。因而，从城市建设和发展目标而言，公园绿地的空间规模是衡量这一功能的体现。同时，本研究通过统计分析发现，1978—2016 年上海游园人数与公园的面积呈现非常明显的相关性（见图 7.5），即城市公园总面积越大，游园人数越多；与此同时，研究统计发现，上海各区游园人数与各区公园面积占比也呈现出显著的相关性特征（见图 7.6），即公园面积占比较大的区，游园人数也较多。

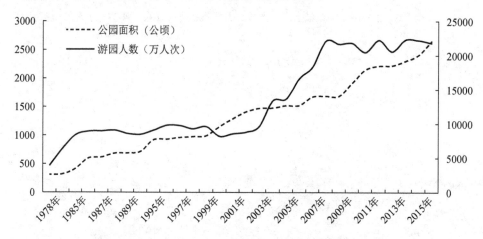

图 7.5　1978—2016 年上海游园人数与公园面积的相关性

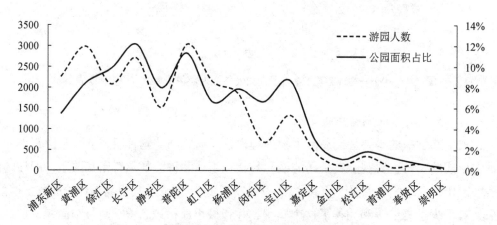

图 7.6　2016 年上海各区游园人数与公园面积占比的相关性

因此，本研究将考虑将公园面积占比作为生态游憩空间功能评价指标，以此来体现城市建设的空间规模的目标。

5. 基于游憩的满意度的目标

城市居民游憩的满意度既是度量游憩地服务质量的重要尺度，又是影响游客游憩行为的决定性因素。Chon（1989）认为游客满意度是游客对目的地的期望与对体验结果的感知评价间的吻合度的函数，它是游客将出发前对目的地的印象与他们在目的地实际所见所闻所感相比较而得出的结果。

本研究的对象城市生态游憩空间所含类型较为多样，因而难以就其内部的游憩服务设施、绿地空间布局和文化氛围等要素进行一一比较和评价；基于游憩空间功能评价的重要组成部分，其使用者的满意度从一定程度上是这些要素的反映，因此，本研究将根据调研得到的居民游憩使用的满意度的数据来集中和代替各个游憩空间本身由设施、绿化与文化等要素决定的功能值。

7.2.2　指标目标值及标准化

1. 标准化的方法

由于各项评价因素指标数据性质不同，具有不同的纲量，算法各异，为了统一用于评价计算，有必要对参评因子进行无量纲化处理，常用的处理方法有极差标准化、功效系数法、专家法和直线型法等。

本研究根据各因子的数据特征和评价任务，采用直线型法进行数据的标准化处理标准，把指标值转化为无纲量的相对数，同时数值大小规范在［0，1］。根据指标的评价目标，将指标分为发展类指标和限制类指标，即越大越好和越小越好两类；发展类指标采用如下公式：

若 $x_{ij} < s_j$，$z_{ij} = \dfrac{s_{ij}}{x_{ij}}$（$i$=1，2，3，…，$n$；$j$=1，2，3，…，$m$）；若 $x_{ij} \geqslant s_j$，z_{ij}=1

限制类指标采用如下公式：

若 $x_{ij} > s_j$，$z_{ij} = \dfrac{s_{ij}}{x_{ij}}$（$i$=1，2，3，…，$n$；$j$=1，2，3，…，$m$）；若 $x_{ij} \leqslant s_j$，z_{ij}=1

式中，x_{ij} 为各项指标的现状值；s_{ij} 为指标体系中的标准值；n 为评价区域数；m 为评价指标数。

2. 目标值的确定

目标值是综合指数评价法在指标处理和标准化过程时的参照，同时也体现评价特征的发展的目标。本研究目标值的选择和确定主要采用参照法，并适当进行数据处理。由于英国伦敦作为一个有700多万人口的国际化大都市，经济发达、人口密集、土地珍贵，与上海的情况很相似；但伦敦在城市生态建设和绿地建设上，拥有比较完备的制度和体系。因此，本研究在目标值的选择和确定过程中，将伦敦等城市作为主要参考对象，最终形成指标的目标值。

伦敦的城市绿地规划综合考虑绿地覆盖率、人均公共绿地、人均公园面积、绿地空间布局和功能状态对人的满足程度和绿地可达性等因素。伦敦城市公共绿地面积达172.45平方千米，人均公共绿地面积30.4平方米，绿地覆盖率42%。公园、居住区花园和农地等软质地面占63%，软质地面远远高于硬质地面。伦敦大于200 000平方米的大型成片绿地占总绿地的67%，市中心拥有海德公园、圣詹姆斯公园等大型公园。若以市中心的皮卡迪广场为中心，以4.8千米为半径作圆，则该圆圈里有园林80处。伦敦公园的数量、面积和规模特征如表7.1所示；其他世界主要城市的人均公园面积如表7.2所示。

表7.1 伦敦公园的数量、面积和规模特征

公园类型	面积等级（hm²）	数量（个）	比例（%）	面积（hm²）	比例（%）
小游园	<2	776	45.52	649.6	4.05
社区公园	2~20	746	43.50	4910.8	30.58
区级公园	20~60	132	7.70	4332.9	26.98
市级公园	>60	61	3.56	6164.0	38.39
合计	—	1715	100	19057.3	100

表7.2 世界主要城市人均公园面积

城市	人均公园面积（平方米/人）
伦敦	30.4
东京	3.14
巴黎	8.4
日内瓦	15.1
维也纳	7.4
洛杉矶	18.06
罗马	11.4
墨西哥城	19.4
纽约	14.4
华沙	22.7

3. 标准化结果

对上海市2001—2016年各区的评价数据进行标准化，各指标的目标值参照表7.3，这里只列出2016年上海各区评估指标标准化的值（见表7.4）。

表 7.3　生态游憩空间功能评估指标目标值及权重

指标代码	指标	目标值	参照依据	权重值
C1	人均公共绿地面积	16.05 平方米	主要城市平均	0.20
C2	公园平均面积	470100 平方米	伦敦	0.15
C3	公园面积占比	10.93%	伦敦	0.19
C4	公园平均理论服务面积	1679800 平方米	伦敦	0.17
C5	服务半径覆盖率	100%	伦敦	0.19
C6	游憩满意度	100%	理想值	0.10

表 7.4　上海各区生态游憩空间功能评估指标的标准化结果

区域	C1	C2	C3	C4	C5	C6
浦东新区	0.7488	0.6337	0.4994	0.0486	0.2150	0.83
黄浦区	0.1638	0.0935	0.7708	1.0673	0.8366	0.91
徐汇区	0.3084	0.2640	0.8972	0.3374	0.6357	0.89
长宁区	0.4206	0.2187	1.1100	0.5702	0.8064	0.88
静安区	0.1716	0.1622	0.7293	0.5921	0.7055	0.90
普陀区	0.3010	0.0973	1.0330	0.5821	0.7413	0.87
虹口区	0.1201	0.1455	0.6047	0.6444	0.7452	0.86
杨浦区	0.2272	0.3090	0.7190	0.4149	0.5910	0.88
闵行区	0.6042	0.1761	0.6074	0.0997	0.2842	0.77
宝山区	0.7241	0.3690	0.7963	0.1240	0.3302	0.82
嘉定区	0.5292	0.1495	0.2643	0.0688	0.2794	0.71
金山区	0.5091	0.0477	0.1026	0.0229	0.0889	0.78
松江区	0.3968	0.5602	0.1697	0.0222	0.5176	0.75
青浦区	0.4277	0.4368	0.1138	0.0175	0.2861	0.73
奉贤区	0.2603	0.1634	0.0649	0.0049	0.0836	0.68
崇明区	0.3231	0.1801	0.0280	0.0043	0.0969	0.74

　　图 7.7 将上海各区生态游憩空间功能评估指标的标准化结果采用柱形累积图的形式体现出来，本研究确定的功能评价的 3 个指标的标准化总分为 6，但从图中可以发现，上海各区的指标标准化的总分均在 4 分以下，因而总体水平不高，说明上海相对于城市生态游憩空间的理想的服务水平还有较大差距；同时也可以发现，长宁区和黄浦区的指

标的标准化总分较高；在 C1~C6 的 6 个指标中，C1 和 C2 的值相对于目标值而言，各区的得分均较低，即在图中显示出来的面积较小，应该是上海市城市生态游憩空间服务功能中的薄弱环节。

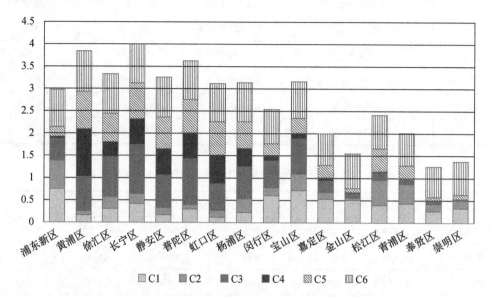

图 7.7 上海市各区各指标得分的标准化结果及累积图

7.2.3 综合评价模型和等级

综合评价模型采用加权求和模型，加权求和方法是指标综合应用最多的方法，不仅应用于模糊综合评价模型、物元评判模型及 Shepard 插值模型等模型中，在很多生态问题评价时也被直接运用。其计算公式如下：

$$U = \sum_{i=1}^{n} w_i z_i$$

式中，U 为指标综合值；z_i 为 i 指标的标准化值；w_i 为 i 指标的权重系数；n 为指标项数。本研究采用专家法确定评价指标的权重值（见表 7.3）。

本研究采用综合指数分级的方法，分析决定区域生态游憩空间服务功能评价的计算结果。参照国内外的各种综合指数的分级方法，将生态游憩空间服务功能综合指数划分为服务功能优、较优、一般、较差和差 5 个等级（见表 7.5），在此基础上做出生态评价，由此确定区域生态游憩空间服务功能的水平。

表 7.5 城市生态游憩空间服务功能分级

分级	综合指数值	说明
第 I 级	≥ 0.80	服务功能优
第 II 级	0.60~0.80	服务功能较优
第 III 级	0.40~0.60	服务功能一般

分级	综合指数值	说明
第 IV 级	0.20~0.40	服务功能较差
第 V 级	≤ 0.20	服务功能差

7.3　上海城市生态游憩空间功能评估结果

据上述方法，可以得到上海市城市生态游憩空间的服务功能的综合评价结果（见表7.6），以及上海各区城市生态游憩空间服务功能的空间差异的结果，其特征具体体现在以下几点。

第一，就上海2016年城市生态游憩空间服务功能综合评价结果分析，上海市的总体情况处于较低的状态，其综合值仅为0.3235，如果按照表7.5所示的生态游憩空间服务功能分级，仅处于第IV级，即服务功能较差的水平。

第二，除主观因子游憩满意度外，其他各主要指标因子的得分可以发现各项得分均较低，尤其是C4（公园平均理论服务面积）的得分仅为0.0575，其次是C5（服务半径覆盖率），得分也仅为0.2330，而这两个指标均是体现城市生态游憩空间的分布格局；而相对得分较高的指标因子是C1（人均公共绿地面积），得分为0.4883，因此，比较各项指标的得分，上海综合指数得分低的主要原因不是其绝对的空间数量值低，而是空间格局不合理而造成的功能受损。

表 7.6　2016 年上海城市生态游憩空间服务功能综合评价结果

指标项	分值
C1：人均公共绿地面积	0.4883
C2：公园平均面积	0.2556
C3：公园面积占比	0.2735
C4：公园平均理论服务面积	0.0575
C5：服务半径覆盖率	0.2330
C6：游憩满意度	0.8147
U：综合值	0.3235

第三，图7.8体现的是上海市各区城市生态游憩空间的服务功能评价结果，即各区的综合得分，从图中可以发现各区呈现出较为明显的差异，但其分值大多数都在0.3~0.5范围内的较低分值；而长宁区获得最高值（0.6660），此外，0.5以上的还有黄浦区、普陀区、静安区、宝山区和徐汇区；而金山区、奉贤区和崇明区的值却低于0.3，是得分最低的几个区。图7.9体现了其分布的具体空间特征。

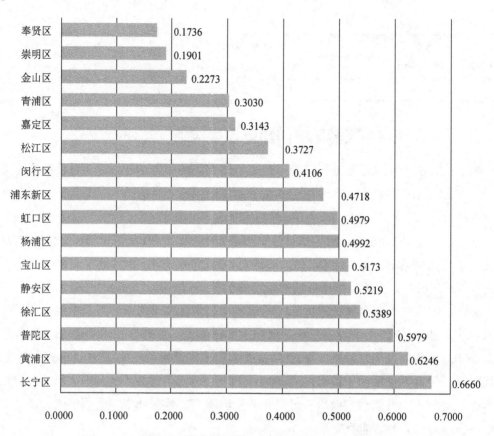

图 7.8　上海市各区城市生态游憩空间的服务现状功能评价结果

第四，按照表 7.7 所示的分级方法，为上海各区的评价结果进行分级，可以发现，上海 17 个区并没有一个可以达到第 I 级（服务功能优）的水平，而第 II 级（服务功能较优）中仅有长宁区和黄浦区两个，浦东新区、徐汇区、静安区、虹口区、杨浦区、闵行区、宝山区、普陀区 8 个区处于第 III 级（服务功能一般）的水平，处于第 IV 级（服务功能较差）的有嘉定区、金山区、松江区、青浦区 4 个区，奉贤区和崇明区处于第 V 级（服务功能差）。

表 7.7　上海城市生态游憩空间的服务功能评价结果分级

等级	分区
第 I 级	无
第 II 级	长宁区、黄浦区
第 III 级	浦东新区、徐汇区、静安区、虹口区、杨浦区、闵行区、宝山区、普陀区
第 IV 级	嘉定区、金山区、松江区、青浦区
第 V 级	奉贤区、崇明区

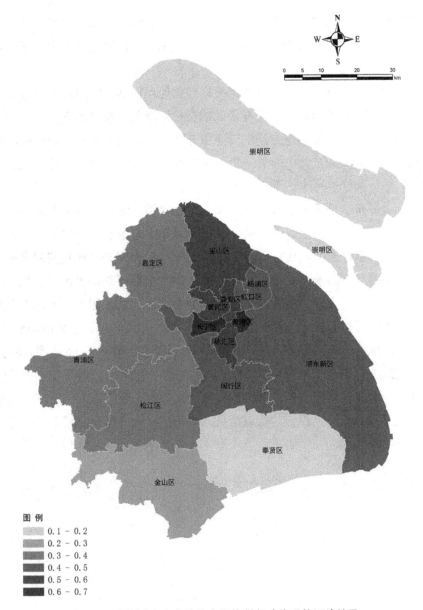

图 7.9　上海城市生态游憩空间的服务功能现状评价结果

7.4　小结与讨论

第一，本研究主要讨论城市生态游憩空间的休闲游憩服务功能和生态环境服务功能。城市公园绿地是城市居民的主要休闲游憩场所，承担着满足城市居民休闲游憩活动需求的主要职能。调查发现：公园绿地成为最受上海市民青睐的公共文化场所。作为城市的"绿肺"，公园在改善环境污染状况、有效地维持城市的生态平衡等方面具有重要的作用。

第二，本研究基于使用的可达性目标、基于需求的人均占有量目标、基于生态的系统完整性目标、基于城市建设的空间规模的目标和基于游憩的满意度的目标选择和确定具有综合性和代表性的功能评价指标因子，由人均公共绿地面积、公园平均面积、公园面积占比、公园平均理论服务面积、服务半径覆盖率和游憩满意度6个因子构成评价指标体系。

第三，本研究采用直线型法进行数据的标准化处理标准，将伦敦等城市作为主要参考对象，最终形成指标的目标值。上海各区的指标标准化的总分均在4以下，总体水平不高，说明相对于城市生态游憩空间的理想服务水平还有较大差距；长宁区和黄浦区的指标的标准化总分较高；6个指标中，C1和C2的值各区的得分均较低，是上海市城市生态游憩空间服务功能中的薄弱环节。

第四，综合评价模型采用加权求和模型，可以得到上海市城市生态游憩空间的服务功能的综合评价结果及空间差异的结果，2016年城市生态游憩空间服务功能综合评分处于较低的状态，其综合值仅为0.3235，仅处于第Ⅳ级，即服务功能较差的水平。

第五，各主要指标因子得分均较低，尤其是C4（公园平均理论服务面积）的得分仅为0.0676，其次是C5（服务半径覆盖率）得分也仅为0.2330，因此，上海综合指数得分低的主要原因不是其绝对的空间数量值低，而是空间格局不合理而造成的功能受损。

第六，各区呈现出较为明显的差异，但其分值大多数都在0.3~0.5范围内的较低分值；上海16个区县中并无一个达到第Ⅰ级（服务功能优）的水平，而第Ⅱ级中仅仅有长宁区、黄浦区2个，浦东新区、徐汇区、静安区、虹口区、杨浦区、闵行区、宝山区、普陀区8个区处于第Ⅲ级，第Ⅳ级的有嘉定区、金山区、松江区、青浦区4个区，奉贤区和崇明区处于第Ⅴ级。

第八章 城市生态游憩服务功能的空间格局演化研究

8.1 城市生态游憩空间格局演化的动力因素

8.1.1 城市发展定位与规划

公园绿地等大型游憩地的建设一般要与整个城市规划和建设相一致，是市政建设的一个组成部分。根据上海城市总体规划，按照人与自然和谐的原则，规划上海城乡一体化、各种绿地衔接合理、生态功能完善稳定的市域绿地系统（吴运骅，2001）。上海市对公园绿地建设做出的计划，按照公园服务半径和等级配置要求，到2020年中心城区人均公共绿地达到6.5平方米以上，公共绿地总面积约52平方千米。

其次，公共游憩场所设施空间分布要考虑公平性，要让市民平等地享受到各种公共游憩场所设施，要体现以人为本的思想，提高市民的居住环境质量和生活质量，丰富人们的闲暇生活，满足市民居住、生活和休憩的需求。

同时，在城市发展过程中政府的行为对于生态游憩空间的建设和空间格局也起到非常重要的作用。政府行为包括制定政策、制度，以及应用规划、地价、税收等手段，在城市开发建设过程中，引导某些行业的区位分布。公共游憩场所设施的空间分布，政府的宏观调控是一个很大的影响因素。

8.1.2 区域内的地段等级因素

地段等级不同，地价也有差别，公共游憩设施场所的分布也要考虑地价因素。一般情况下，高档次的游憩地分布在高等级地段，低等级的游憩地分布在低等级地段。例如，上海博物馆、上海图书馆属于高级别的文化游憩场所，它们分布在上海市的二级地段范围。另外，对于大面积的公园绿地的分布也受到地价因素的影响，在最高级别的地段外滩商务区，面积有限，地价昂贵，不可能有大面积分布公园绿地，只有外滩沿线黄浦公园绿化带。在二级地段范围内，公园绿地分布个数不少，但都是小面积的公园绿地。

总体来看，地段对公共游憩场所设施的影响表现在以下几方面：第一，影响公共游憩场所设施的档次分布，高级别游憩地分布在高等级地段；第二，影响公共游憩场所设施的规模，占地大的主题公园绿地一般都分布在外环线以外，但为了提升城市形象、优化中心城区的生态环境及方便市民和外来游客休憩的需要，中心城区绿地的分布有时会跳过地价因素。第三，为方便人们日常游憩的公共设施场所的分布，一般与地段等级关系不大。

8.1.3　区域人口数量

人口是影响区域公共游憩设施场所空间布局的重要影响因素。公共游憩设施场所的分布要考虑到平等性原则，考虑到人均占有量的均衡性，公共游憩设施场所的分布密度及分布规模都受到人口数量的影响。一般情况下，社区附近是公共游憩设施高密度布置的区域，这样，一方面保证社区居民方便地享用这些游憩设施，另一方面是为了让这些游憩设施充分发挥作用，不至于闲置而使得资源浪费。

人口数量越大的区域对公园绿地需求量也就越大，城市绿地的空间分布要考虑到人均绿地面积分配的均衡性。而且，人口众多的地带，在城市中更容易引起一系列的城市污染问题，致使出现城市"热岛现象"和生态环境的破坏等现象。公园绿地的建设不仅可以满足人们游憩、健身的需求，也有利于缓和城市人口密集地段生态环境的恶化。

图8.1体现了2016年上海各区人口密度与游园人数统计的相关度，可以发现，各区人口密度与游园人数呈现一定的相关性，即人口密度较大的区其游园人数也多，这一现象也是人口因素对于区域生态游憩空间的需求影响的证明，因此，区域人口数量是其空间格局演化的重要因素。

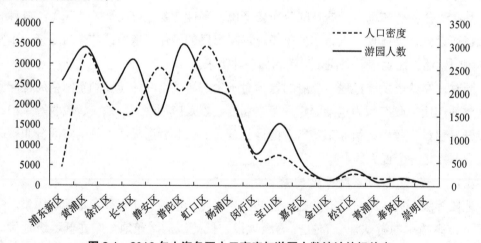

图8.1　2016年上海各区人口密度与游园人数统计的相关度

8.1.4　城市旅游发展动力因素

由于旅游需求存在多样性特征并且不同旅游城市具有不同优势资源，所以，一个城市在确立自身旅游发展模式时，除了要根据市场需求的不同层次和产品供给情况进行考虑外，还必须结合城市自身资源条件进行分析，这样才能更好地把握和发挥城市动力系统中占主导和优势地位的因素。

城市旅游发展动力因素由主导因素和辅助因素构成，其中主导因素是实现城市旅游发展动力的源泉，在推动城市旅游发展中起主导作用；而辅助因素是指对城市旅游发展起辅助推动作用的因素。根据城市旅游主导因素的不同，城市旅游动力模式大致可以分为4种类型：经济驱动型、需求推动型、资源驱动型及综合驱动型，如表8.1所示。

表 8.1 城市旅游的驱动模式

城市旅游驱动模式	旅游城市特征	主导因素	辅助因素
经济驱动型	经济联系广泛，但缺乏高强度旅游景点	以大流通为特点的综合经济活力	综合环境、旅游服务及景点建设
需求推动型	经济发达，旅游需求旺盛，但缺乏旅游景点	休闲度假需求	景点建设、环境改良、服务配套
资源驱动型	具有强引力值的自然和文化景观	自然文化资源的独特性	基础设施、人文环境、旅游条件
综合驱动型	具有高强度城市旅游景点同时又有广泛的经济文化联系	综合地位、景点可持续性	综合环境、旅游服务等因素

随着经济水平的逐年提高，以及居民收入和闲暇时间的增多，人们对休闲游憩活动需求逐渐增加。但是目前我们现有的休闲游憩场所不能够很好地满足要求，与国家的标准有一定的差距，一方面是因为休闲游憩空间数量不足，另一方面是由于游憩资源空间的可及性差造成利用效率不高。在城市用地紧张的情况下，建设线性游憩场所不仅能够缓解城市用地紧张，而且在增加游憩场所的同时，可扩大游憩场所的服务范围。

国民休闲和扩大内需背景下旅游地空间系统改变的驱动力是本地旅游需求的提升。随着国家经济的不断发展，中国国民休闲时代已经来临，世界旅游理事会就预测：在2017年到2027年，中国旅游业年均增速将达到8%。本地游客的支付能力正逐步提高，旅游经验和消费心理逐渐成熟，在中小尺度空间上多采用节点状路线，倾向于在居住地和暂住地附近旅游。特别是中国的汽车时代到来后，受到交通条件、体力、经济、时间、驾驶技术、维修技术、地理知识、语言、文化熟悉度等诸多条件的限制，本地居民近距离高密度游憩需求不断勃发，呈现近程、短期、高频等特征。

本研究按照游客来源对上海游客组成进行了统计分析（见图8.2），发现在过去的十几年里，上海本地游客与外来旅游者的比例变化较大，本地游客的比例由1999年的17.06%增长到2016年的50.44%，而外来旅游人数的比例则由82.94%下降为49.56%；尤其是在2010年，上海的本地游客首次超过外来游客。因此，本地居民已经成为上海最为重要的需求群体，其行为特征和需求偏好对于城市生态游憩空间格局的演化将是非常重要的驱动因素。

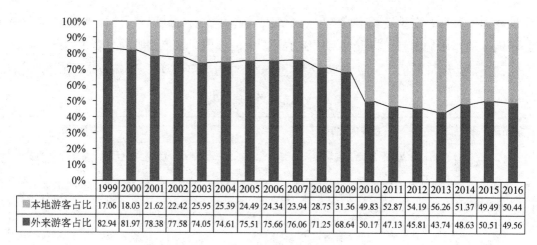

	1999	2000	2001	2002	2003	2004	2005	2006	2007	2008	2009	2010	2011	2012	2013	2014	2015	2016
本地游客占比	17.06	18.03	21.62	22.42	25.95	25.39	24.49	24.34	23.94	28.75	31.36	49.83	52.87	54.19	56.26	51.37	49.49	50.44
外来游客占比	82.94	81.97	78.38	77.58	74.05	74.61	75.51	75.66	76.06	71.25	68.64	50.17	47.13	45.81	43.74	48.63	50.51	49.56

图 8.2　1999—2016 年上海游客构成及演化特征（%）

8.2　城市生态游憩空间格局评估体系及方法

8.2.1　演化比较的因子选择

空间格局演化的目的是揭示生态游游憩空间在一定的时间范围内，空间布局特征方面的变化和趋势特征，因此，本研究将在原有服务功能评价体系的基础上，省去游憩满意度等主观因子，选择代表空间布局特征的因子参数并根据相关性确定权重（见表 8.2），进行时间序列变化特征比较的评估和结果分析。

表 8.2　生态游憩空间格局演化的比较因子及权重

指标代码	指标	权重值
C1	人均公共绿地面积	0.30
C2	公园平均面积	0.20
C3	公园面积占比	0.20
C4	公园平均理论服务面积	0.30

8.2.2　比较因子的标准化及结果

根据研究目标，空间分异主要是为了对各评价单元的功能适宜程度进行横向比较，因此，采用级差标准化的方法对数据进行标准化处理。其中，正效应（越大越好）指标的标准化公式如下：

$$S_i = \frac{x_i - x_{min}}{x_{max} - x_{min}}$$

负效应（越小越好）指标的标准化公式如下：

$$S_i = 1 - \frac{x_i - x_{min}}{x_{max} - x_{min}}$$

式中，x_i 为某一指标的原始值，x_{min} 为某一指标的最小值，x_{max} 为某一指标的最大值，S_i

为某一指标的标准化值。

本研究对2001—2016年上海城市生态游憩空间格局的各指标进行标准化，表8.3所示为2016年的各指标极值及其所属区，表8.4所示为根据极值对2016年各区指标标准化的结果。其他年份的极值及标准化方法同上，结果这里略去。

表8.3 2016年各指标极值及其所属区

指标代码	指标极大值及其所属区		指标极小值及其所属区	
	x_{max}	所属区	x_{min}	所属区
C1	12.012平方米／人	浦东新区	3.646平方米／人	杨浦区
C2	1.20773平方千米	崇明区	0.13263平方千米	黄浦区
C3	12.1%	长宁区	0.3%	崇明区
C4	395.163平方千米	崇明区	1.574平方千米	黄浦区

表8.4 2016年各区指标标准化结果

区域	C1	C2	C3	C4
浦东新区	1.0000	0.7617	0.4357	0.9161
黄浦区	0.0695	0.0000	0.6865	1.0000
徐汇区	0.2995	0.1543	0.8033	0.9914
长宁区	0.4780	0.0976	1.0000	0.9965
静安区	0.0820	0.0406	0.6481	0.9968
普陀区	0.2877	0.0839	0.9288	0.9967
虹口区	0.1704	0.0805	0.6386	0.9937
杨浦区	0.7701	0.4281	0.5355	0.9612
闵行区	0.9608	0.4543	0.7101	0.9696
宝山区	0.6508	0.2487	0.2184	0.9419
嘉定区	0.6188	0.2991	0.0690	0.8179
金山区	0.4401	0.5518	0.1310	0.8117
松江区	0.4892	0.4592	0.0793	0.7608
青浦区	0.2230	1.0000	0.0341	0.1308
奉贤区	0.3229	0.4665	0.0000	0.0000
崇明区	1.0000	0.7617	0.4357	0.9161

8.3 城市生态游憩空间格局分异及演化分析

8.3.1 空间格局评估结果

根据上述标准化后的指标值，运用加权求和模型计算可以得到2001—2016年上海生态游憩空间的服务功能空间格局评估结果（见表8.5）。图8.3体现的是2001年和2016年上海生态游憩空间的游憩服务功能格局空间差异，其他年份的空间差异见附录B。

表 8.5 2001—2016 年上海生态游憩空间的服务功能空间格局评估结果

区＼年份	2016	2015	2014	2013	2012	2011	2010	2009	2008	2007	2006	2005	2004	2003	2002	2001
浦东新区	0.8143	0.8353	0.7705	0.7760	0.7582	0.7705	0.7667	0.7393	0.7471	0.7396	0.7677	0.7719	0.7571	0.8407	0.7947	0.8126
黄浦区	0.4581	0.4577	0.4562	0.4477	0.4482	0.4571	0.4504	0.4218	0.4347	0.4342	0.4450	0.4478	0.4406	0.4927	0.4481	0.4479
徐汇区	0.5788	0.5759	0.5553	0.5545	0.5522	0.5549	0.5549	0.5514	0.5503	0.5522	0.5430	0.5375	0.5454	0.5720	0.5256	0.5612
长宁区	0.6619	0.6623	0.6589	0.6554	0.6514	0.6539	0.6576	0.6405	0.6442	0.6470	0.6385	0.6319	0.6399	0.6826	0.6116	0.7112
静安区	0.4614	0.4147	0.4094	0.4063	0.4049	0.4067	0.4034	0.4003	0.4061	0.4063	0.3780	0.3788	0.3923	0.4065	0.3786	0.3736
普陀区	0.5879	0.5853	0.5388	0.5467	0.5402	0.5437	0.5455	0.5407	0.5534	0.5552	0.5424	0.5379	0.5469	0.5759	0.4946	0.5080
闸北区	—	0.4770	0.4703	0.4715	0.4704	0.4702	0.4700	0.4756	0.4875	0.4885	0.4801	0.4722	0.4816	0.5099	0.4648	0.4805
虹口区	0.4093	0.4091	0.4078	0.4098	0.4108	0.4133	0.4132	0.4241	0.4373	0.4377	0.4425	0.4396	0.4391	0.4867	0.4474	0.4530
杨浦区	0.4931	0.4907	0.4872	0.4887	0.4877	0.4903	0.4844	0.4890	0.5004	0.5018	0.4991	0.4894	0.4971	0.5043	0.4778	0.4830
闵行区	0.7121	0.7807	0.7206	0.7182	0.6930	0.6747	0.6801	0.6947	0.7100	0.7154	0.6620	0.6387	0.6801	0.6086	0.4950	0.5007
宝山区	0.8120	0.8302	0.7736	0.7556	0.7302	0.7217	0.7397	0.7685	0.7488	0.7548	0.7455	0.7413	0.7471	0.8566	0.8459	0.7333
嘉定区	0.5712	0.6546	0.6089	0.6025	0.5812	0.6049	0.6095	0.6149	0.6379	0.6432	0.6281	0.6109	0.6289	0.5408	0.5307	0.4525
金山区	0.5046	0.4972	0.5042	0.5082	0.5042	0.4946	0.5023	0.4636	0.4869	0.4907	0.4692	0.4477	0.4724	0.3728	0.3635	0.3557
松江区	0.5121	0.5299	0.4766	0.4029	0.3913	0.3995	0.4111	0.3507	0.4223	0.4248	0.3896	0.3888	0.4062	0.4253	0.3965	0.3474
青浦区	0.4827	0.4899	0.4788	0.4777	0.4572	0.4657	0.6435	0.6399	0.6072	0.6129	0.6109	0.3596	0.5348	0.3673	0.3591	0.3657
奉贤区	0.3129	0.2779	0.2648	0.2642	0.2879	0.2901	0.2961	0.3428	0.3498	0.3527	0.3282	0.3214	0.3375	0.0923	0.0883	0.0997
崇明区	0.1902	0.1672	0.2606	0.1762	0.1408	0.1059	0.0714	0.0576	0.0525	0.0525	0.0523	0.0521	0.0523	0.0895	0.0883	0.1100

注：2016 年闸北区与静安区合并。

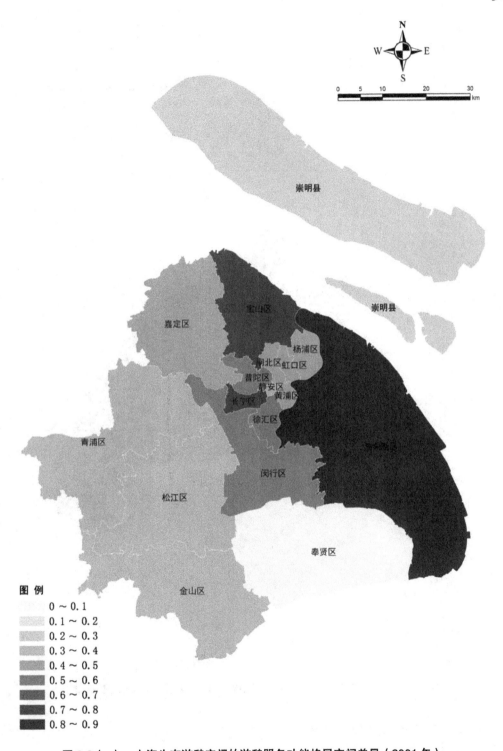

图 8.3（a） 上海生态游憩空间的游憩服务功能格局空间差异（2001 年）

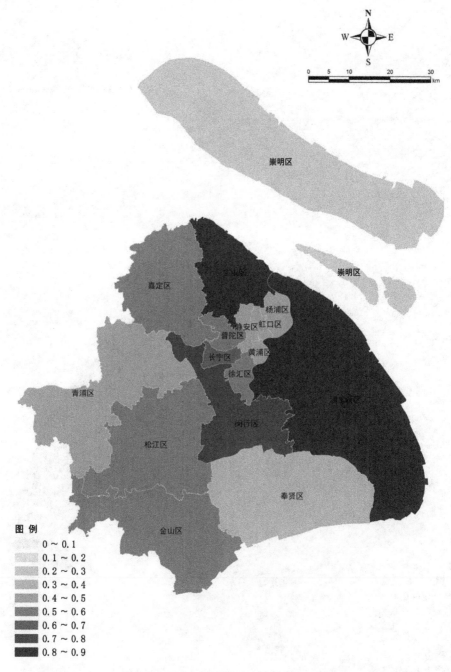

图例

- 0 ~ 0.1
- 0.1 ~ 0.2
- 0.2 ~ 0.3
- 0.3 ~ 0.4
- 0.4 ~ 0.5
- 0.5 ~ 0.6
- 0.6 ~ 0.7
- 0.7 ~ 0.8
- 0.8 ~ 0.9

图 8.3（b）　上海生态游憩空间的游憩服务功能格局空间差异（2016 年）

8.3.2 空间格局演化特征分析

1. 数据分析方法和结果

本研究将根据 2001—2016 年以来上海各区城市生态游憩空间功能评估的空间差异的横向比较和时间变化的纵向比较相结合，来分析其空间演化的特征。为了能够更为精确地反映差异变化，本研究采用统计学中体现数据离散特征的标准差和标准差的方差来分析系列数据的分布和差异。

标准差（Standard Deviation）在概率统计中最常使用作为统计分布程度（Statistical Dispersion）上的测量。标准差定义是总体各单位标准值与其平均数离差平方的算术平均数的平方根。它反映组内个体间的离散程度。一个较大的标准差，代表大部分数值和其平均值之间的差异较大；一个较小的标准差，代表这些数值较接近平均值。

标准差也被称为标准偏差或者实验标准差，公式如下：

$$\sigma = \sqrt{\frac{1}{N}\sum_{i=1}^{N}(x_i - \mu)^2}$$

根据上述方法和计算公式，本研究从时间序列分析和比较上海城市生态游憩空间格局的各区差异，表 8.6 体现了数据结果的离散性分析的各参数值，主要包括平均数、样本标准差、样本标准、方差、总体标准偏差、总体标准偏差的方差的值，从而可以分析不同年份上海市各区生态游憩空间功能的评估结果值的离散程度，即离散程度越大，其差异就越大，空间格局越不均衡；同时可以根据各个年份平均数的值看出上海生态游憩空间的总体功能状况，并做不同年份的比较，同时也可以看出其发展趋势特征。

表 8.6　2001—2016 年上海生态游憩空间格局评价结果的离散性分析参数值

年份	平均数	样本标准差	样本标准方差	总体标准偏差	总体标准偏差的方差
2016	0.53516	0.16523	0.02730	0.15999	0.02560
2015	0.53739	0.18006	0.03242	0.17469	0.03051
2014	0.52015	0.15098	0.02280	0.14647	0.02145
2013	0.50954	0.16172	0.02615	0.15689	0.02461
2012	0.50058	0.15794	0.02494	0.15322	0.02348
2011	0.50104	0.16243	0.02638	0.15758	0.02483
2010	0.51175	0.17227	0.02968	0.16713	0.02793
2009	0.50679	0.17498	0.03062	0.16975	0.02882
2008	0.51626	0.17056	0.02909	0.16547	0.02738
2007	0.51821	0.17113	0.02928	0.16602	0.02756
2006	0.50718	0.17204	0.0296	0.1669	0.02786
2005	0.48632	0.1714	0.02938	0.16628	0.02765
2004	0.50584	0.16887	0.02852	0.16383	0.02684
2003	0.49556	0.20674	0.04274	0.20056	0.04023
2002	0.45944	0.19409	0.03767	0.1883	0.03546
2001	0.45859	0.1887	0.03561	0.18307	0.03351

同时，研究以上海各区为分析主体，对各区不同年份的评价结果的数据进行离散性分析，其分析参数包括平均数、样本标准差、样本标准、方差、总体标准偏差、总体标

准偏差的方差等（见表 8.7）。其离散性的结果将有助于分析和发现各区在各自发展的过程中，城市生态游憩空间格局变化幅度的大小和趋势，以及各区生态游憩空间的功能总体差异。

表 8.7　上海市各区生态游憩空间格局评价结果的离散性分析参数值

区域	平均数	样本标准差	样本标准方差	总体标准偏差	总体标准偏差的方差
浦东新区	0.77889	0.03178	0.00101	0.03077	0.00095
黄浦区	0.44928	0.01516	0.00023	0.01467	0.00022
徐汇区	0.55408	0.01361	0.00019	0.01317	0.00017
长宁区	0.65305	0.02207	0.00049	0.02137	0.00046
静安区	0.40170	0.02067	0.00043	0.02001	0.00040
普陀区	0.54645	0.02397	0.00057	0.02321	0.00054
虹口区	0.43005	0.02195	0.00048	0.02125	0.00045
杨浦区	0.49150	0.00733	0.00005	0.00710	0.00005
闵行区	0.66780	0.07658	0.00586	0.07414	0.00550
宝山区	0.76904	0.04294	0.00184	0.04158	0.00173
嘉定区	0.59505	0.05119	0.00262	0.04957	0.00246
金山区	0.46486	0.05297	0.00281	0.05129	0.00263
松江区	0.41719	0.05033	0.00253	0.04874	0.00238
青浦区	0.49705	0.10242	0.01049	0.09917	0.00983
奉贤区	0.26918	0.09168	0.00840	0.08876	0.00788
崇明区	0.10747	0.06292	0.00396	0.06093	0.00371

2. 空间格局演化的特征分析

根据数据分析结果，可以对近年来上海城市生态游憩空间格局演化的特征和趋势进行分析。根据表 8.6 中的数据可以得到上海生态游憩空间格局评价结果的离散性分析参数值，其中，以总体标准偏差的方差来代表其离散性特征，以平均数来代表其各个年份上海各区平均的特征值绘制空间功能格局的演化趋势分析图（见图 8.4 和图 8.5）；同时，根据评价结果的离散性分析参数值（表 8.7），可以得到结果的总体标准差和平均数各区差异的演化趋势图（见图 8.4 和图 8.5），这里由于各区历年数据离散较小，因而采用总体标准差（而非方差）来体现其差异度的演化趋势。

据此，可以发现其总体空间格局演化的特征体现为以下几点。

第一，从总体标准差的方差体现出的各区数据的离散性来分析（见图 8.4），2001 年到 2016 年的离散性的趋势是由大到小，并且由波动较大到区域平稳，因而可以认为，上海总体的城市生态游憩空间格局正趋于稳定，并且空间差异的变化也趋于减缓，即稳定的格局特征基本形成。

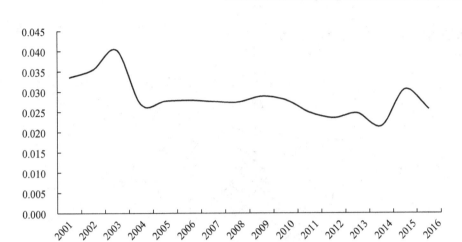

图 8.4　2001—2016 年上海空间功能格局评价结果的总体标准差的方差

第二，从总体空间格局评价的平均数的变化特征分析（见图 8.5），可以发现，2001 年到 2016 年，上海各区的城市生态游憩空间的功能评估的均值基本呈现逐渐提高的趋势，尽管在一些年份（如 2005 年）存在一定程度的波动，但总体均值实现了由 2001 年的 0.46 到 2016 年的 0.54 的提升；同时也可以看到，相对而言，其均值仍然有较大的提升空间，这仍然是上海城市生态游憩空间格局优化的方向。

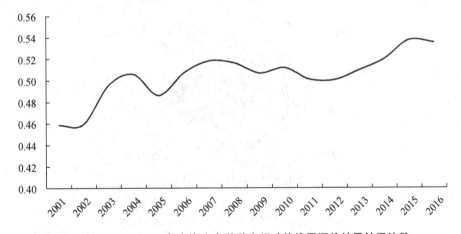

图 8.5　2001—2016 年上海生态游憩空间功能格局评价结果的平均数

第三，从图 8.6 中可以看出，上海各区历年评价结果的总体标准差的离散性差异很大，即在近些年中，各区的游憩空间格局及功能变化幅度呈现较大差异，其中变化幅度较大的是青浦区、奉贤区、闵行区、嘉定区和金山区等远郊地区，而杨浦、虹口区、静安区、徐汇区等市中心的大部分区域的变化幅度较小，同时，也可以发现，浦东新区、长宁等区处于中等偏小的水平。究其原因，主要是市中心地区地域狭窄，受已有城市建设格局的制约，生态游憩空间建设和格局优化提升的空间不足，而远郊地区地域空间较大，其生态游憩空间建设仍有较大的腹地和空间；同时基于需求考虑，人口密度差异也是导致空间功能差异演化的重要因素。

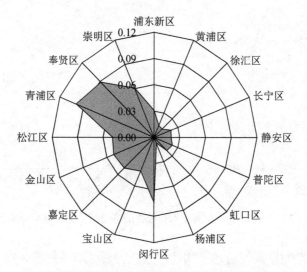

图 8.6　上海各区历年评价结果的总体标准差

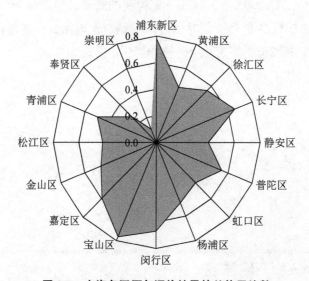

图 8.7　上海各区历年评价结果的总体平均数

第四，从图 8.7 中体现出来的上海各区历年的生态游憩空间功能评估结果的平均数的来看，近年来，浦东新区、宝山区、长宁区和闵行区的总体平均水平较高，而崇明区和奉贤区的均值则较低。具体各年度的空间差异体现在附录 C 中。

8.4　小结与讨论

第一，生态游憩空间格局演化动力因素主要有城市的发展定位与规划、区域内的地段等级因素、区域人口数量、城市旅游发展动力因素。本地旅游需求的提升国民休闲需求扩大的背景下，2010 年起上海本地游客已超过 50%，持续稳定增长，其行为和需求特征成为驱动游憩空间格局演化的关键因素。

第二，空间格局演化是揭示生态游游憩空间在一定的时间范围内，空间布局特征的变化和趋势特征。本研究在服务功能评价体系的基础上，去除游憩满意度等主观因子，选择代表空间布局特征的因子，并根据相关性确定权重进行时间序列变化特征的比较和分析。空间分异采用级差标准化的方法对数据进行标准化处理以便于横向比较。

第三，根据 2001—2016 年以来上海各区城市生态游憩空间功能评估的空间差异的横向比较和时间变化的纵向比较，来得到其空间演化的特征。采用体现数据离散特征的标准差和标准差的方差，来分析系列数据的分布和差异。离散性的结果将有助于分析和发现各区在各自发展的过程中，城市生态游憩空间格局变化幅度的大小和趋势，以及各区生态游憩空间的功能总体差异。

第四，从总体标准差的方差体现出的各区数据的离散性来分析，2001—2016 年的离散性的趋势是由大到小，并且由波动较大到趋于平稳，因而可以认为，上海总体的城市生态游憩空间格局正趋于稳定，并且空间差异的变化也趋于减缓，即稳定的格局特征基本形成。

第五，从总体空间格局评价的平均数的变化特征分析发现，2001—2016 年上海各区的城市生态游憩空间的功能评估的均值基本呈现逐渐提高的趋势，且仍然有较大的提升空间。同时根据上海各区历年的评估结果的平均数比较，浦东新区、宝山区、长宁区和闵行区的平均水平较高，而崇明区和奉贤区的均值则较低。

第六，上海各区历年评价结果的总体标准差的离散性差异很大，即各区的游憩空间格局及功能变化幅度呈现较大差异，变化幅度较大的是青浦区、奉贤区、闵行区、嘉定区和金山区等远郊地区，而杨浦、虹口、闸北等市中心的大部分区域的变化幅度较小。主要原因是市中心地区受已有城市建设格局的制约，而远郊地区的地域空间较大，其生态游憩空间建设仍有较大的腹地和空间；人口密度差异等需求要素也是导致空间功能差异演化的重要因素。

第九章　上海城市生态游憩空间格局优化研究

9.1　城市生态游憩空间整合与格局优化的原则

第一，以人为本，立足本地居民，重视休闲游憩功能的完善和提升。

在推动上海城市生态游憩空间整合与格局优化的发展过程中，要坚持以人为本的理念，充分体现开放空间的公共服务功能。在生态游憩空间的布局、规模及服务设施等方面要以居民游憩需求和行为为基本的出发点和目标，解决在空间格局上的服务盲区，提高游憩空间的服务半径的覆盖率。同时在绿地公园内要因地制宜地设置人性化的服务设施、无阻碍设施和健身设施，满足市民休憩、健身和娱乐的需要。公园绿地开发应体现对人的尊重。

把满足居民游憩的需求作为空间优化的首要原则。目前，在本地旅游需求的提升，国民休闲时代的背景下，2010 年起上海本地游客超过 50%，居民日常休闲游憩的需求日益升温，其行为和需求特征将成为驱动游憩空间格局演化的关键因素。因此，在生态游憩空间整合与格局优化的过程中，应当更多地立足于本地居民，在注重生态、景观开发的同时，还应充分考虑市民的生理和心理需求，为市民提供日常游憩休闲的活动场所，满足观赏、休闲、娱乐、健身、交往等多方面的需要，重视休闲游憩功能的完善和提升。如伦敦的绿地根据其大小、功能、位置等指标分成区域性公园、市级公园、区级公园、小区级公园、小型公园和线状绿地 6 级，并利用该标准，根据各类绿地的功能、服务范围考察伦敦市民对绿地的满意程度，判断各类人群的绿地享有状态，从而规划新绿地，以确定每块绿地的服务范围，指导绿地开发、建设与管理。

第二，生态优先，增强乡土元素，构建低碳游憩的生态网络系统。

城市生态空间系统是城市中有生命的基础设施，生态游憩空间的整合与优化的最终目标是创造更多更好的人与自然和谐共处的机会与空间。在这一过程中坚持生态优先的原则，是构建和完善相对健康的城市生态系统的组成部分，城市生态游憩空间的选址、规划设计乃至其植物配置等均应体现生态适宜性的基本要求，并增加上海本地区的自然与文化的乡土元素，选择适应性强的乡土植物替代娇贵难养的外来物种，挖掘和体现上海历史和文化元素来增强游憩空间的亲切感。同时在生态游憩空间的建设和规划中注重生态效益，如乔木所产生的生态效益是草坪的 30 倍，而其所需要的经济投入仅为草坪的1/10。但目前上海城市绿地中乔木量缺乏，在绿地中仅占30%，势必影响生态效益的发挥，同时大面积草坪的绿化养护费用也明显高于乔木养护的费用。

在整体生态游憩系统的优化过程中，应综合考虑其作为生态系统的结构与功能特征，完善不同等级、层次和类型的游憩空间的结构和布局，以更好地发挥其满足居民游憩休闲和生态服务功能。运用生态学理论构建由斑块和廊道组成的生态空间网络系统，减少服务盲区，增加生态游憩廊道建设，方便和促进居民使用空间的便捷性，降低居民外出游憩出行成本和碳排放，为实现低碳游憩创造条件。

9.2　城市生态游憩空间整合与格局优化的思路

9.2.1　定位：将城市生态游憩空间定位为城市系统的生态基础设施

游憩作为城市四大功能之一，常被忽视或被误解为旅游和观光。目前，上海与我国大多数城市一样，汽车占据了安全而方便的步行空间，除了一些被划定为风景园林地孤立地分布在城市和郊野外，大量的城市郊区农田和自然地被分割、污染和侵占；城市和郊区的开放生态空间缺乏连续的系统组织。当前城市结构和功能布局几乎都是围绕汽车时代的模式设计的，使本来作为工具的汽车变成了城市的主人，而不是生活其中的城市居民。这有悖于城市宜居的基本功能。因此，上海城市生态游憩空间整合与格局优化的首要条件，就是确立城市生态游憩空间在城市系统中的角色与定位，即生态基础设施的重要组成部分。

生态基础设施表示自然景观和腹地对城市持久的支持能力（MAB，1984），是指对系统运行及栖居者的持久生存具有基础性支持功能的资源或服务。也有研究用绿色基础设施标识城市所依赖的生态基础、连续的绿色空间网络和生命支持系统（Schneekloth，2003；Willianmson，2003；Randoph，2004）。

将城市生态游憩空间的建设和优化工作基于这样的定位，就应将其纳入城市整体的发展与规划中，而不仅仅是见缝插针，随意种几棵树、铺几块草坪、搭几处毫无生机和内涵的亭台，或者是那些形式化的城市标志性建筑、景观大道和大型广场等城市化妆行为。因此，需要的是以城市真正的主人——居民的生活和休闲需求为目的和服务对象的基础设施的规划和建设，才是城市功能得到改善的重要组成部分。

9.2.2　目标：形成结构完整和功能互补的生态游憩空间网络系统

本研究发现目前上海生态游憩空间的服务功能处于较低的水平，各评估指标总体得分不高，与伦敦等城市生态游憩空间的服务水平还有较大的差距；比较而言，上海综合指数得分低的主要原因不仅仅是其绝对的空间数量值低，而是空间格局不合理的因素更为明显，从而造成整体功能受损。因而，上海亟须改善现有生态游憩空间布局的结构和网络体系，最大限度地减少服务盲区，构建和形成结构完整和功能互补的生态游憩空间网络系统。

在关键的部分引入或改变某种景观斑块，便可大大改善城乡景观的某些生态和人文过程，通过尽量少的土地，建立城市或城郊连续而高效的游憩网络。如研究中发现的服务覆盖率低于 20% 的浦东区、奉贤区、金山区、崇明区等区，应当是整体网络系统中的薄弱区域，应考虑布局和增加与整体系统中功能互补的游憩空间斑块，同时加强其廊道建设，以形成完整的空间网络系统。如波士顿公园从块状公园、公园道，到公园系统的形成过程，以及构成城市绿色开放的空间和城市的绿色通道。尽可能扩大为公共用途的绿色空间，形成一个完整的城市空间框架。将块状公园通过被喻为"项圈"或"项链"的公园道及流经城市的河流有机联系成一个整体。欧洲生态网络规划强调公众参与到主要生态系统、栖息地、物种和有价值景观的保护和恢复，优化自然空间以更好地建立人与人间的联系，这为城市居民的生态游憩提供了保障。因此，应该考虑将上海市内和城市周边的绿地被绿色通道连接起来，构建公共的、管理良好的、高质量的绿色开放空间网络；同时将生态城镇的绿色空间与更为广阔的乡村地区衔接在一起。强调绿色空间的多功能性和多样化，规划建设安全且具有景观游憩价值的步行和骑行空间，同样适宜于居民的其他活动，如上学、工作、购物和休闲。

9.2.3 关键：实现生态游憩空间景观斑块组成和分布的均衡性

在景观生态学理论中，斑块的大小、分布的均衡性及斑块间的连接性决定了斑块和系统的功能。这里生态游憩空间作为景观斑块在城市景观的基质背景下，其规模、布局等特征会直接影响其功能的发挥。因而，可以认为城市生态游憩空间格局优化的目标应该是以实现其类型组成和分布的均衡性，以更好地满足居民游憩需求和发挥生态服务功能。

本研究发现游憩空间规模与吸引半径、出游的时间和经济成本成正比。上海市居民对于生态游憩空间的使用频度相对较高，但同时居民对生态游憩空间的使用需求与实际的供给格局存在差异，无法对接而导致不平衡和资源浪费。目前上海的大型生态游憩空间大多分布在近郊以外的区域，而居民聚居的城市中心地区却仅有较小规模的生态游憩空间无规律地分布其中，这就出现如下两个矛盾：

第一，中心地区生态游憩空间"供不应求"。据 2016 年数据统计，静安区、黄浦区、长宁区、虹口区人均公园绿地面积分别仅为 2.75 平方米、2.63 平方米、6.75 平方米和 1.93 平方米，均低于 7.01 平方米的全市平均值，更远远低于浦东新区的 12.01 平方米。而且由于距离近郊及外圈地区的大型生态游憩空间较远，所以，受时间和经济成本的限制，很难发挥缓解市中心地区居民对生态游憩空间的供给补偿作用。

第二，近郊及外圈地区的生态游憩空间则"供难应求"。尽管从生态游憩空间的人均占有量而言，浦东等近郊及外圈地区较市中心地区具有优势，但实际上其生态游憩空间的布局不均衡、布局位置不合理却造成了这些地区生态游憩空间的"供难应求"。本研究发现本市居民在游憩活动中交通方式的选择上以步行方式的居民比例最大，因而研究以步行吸引半径作为依据，得到的生态游憩空间核心服务面积覆盖率比较中，发现拥有近郊及外圈地区的覆盖率却非常低（如金山、奉贤和崇明等区在 10% 以下）。同时缺少规模较小、分布数量大且广泛的小的景观斑块，难以满足居民日常休闲游憩的需求。

因此，实现生态游憩空间景观斑块在数量、规模、类型和空间分布的均衡性将是上海城市生态游憩空间格局优化的关键。

9.3　城市生态游憩空间整合与格局优化的对策建议

9.3.1　市中心生态游憩空间整合的立体化与纵深化

本研究发现上海中心区的生态游憩空间的核心服务半径覆盖率相对较高，如静安、黄浦、虹口和长宁等区均在70%以上，然而，市中心区域人口密度大，人均所得的生态游憩空间非常有限，尽管出游的便捷程度占据优势，但仍难以满足居民对高质量的生态游憩空间的需求。由于市中心空间有限，难以增加大规模生态游憩空间，因此，其整合和优化应当向立体化和纵深化发展。应当着力将生态游憩空间渗透到各个角落，注重小区、社区和街头绿地空间的游憩功能改善，以及错层空间、屋顶等特殊生态游憩空间的建设。上海市区内河流低地交错纵横，可以结合河道绿化进行生态游憩空间改建，增加其休闲游憩功能，通过城市楔形绿地、绿色廊道、河流绿地等，将城市的各级生态游憩空间整合形成网络。

同时，重视对上海公园绿地等已有城市生态游憩空间的社会文化价值的挖掘。针对"部分公园绿地更多地注重国外设计理念和设计风格的引进，绿化植被也很大程度上以外地引进为主"的问题，在生态游憩空间整合与优化中注重上海的人文文脉的元素，深层次挖掘上海历史文化特色，营造居民喜爱的文化氛围，实现游憩空间纵深化的发展。

9.3.2　近郊及外圈区域生态游憩空间布局的均匀性与渗透性

研究发现上海近郊及外圈区域尽管拥有一些规模较大的生态游憩空间，但分布不平衡。例如，浦东区近年来社会经济发展较快，生态建设也卓有成效，拥有世纪公园等大型的生态游憩空间和其他空间类型，但布局不够均衡，使得其核心服务半径覆盖率仅为19.29%；而金山、奉贤和崇明等区的比例则不足10%。因此，这些区域城市生态游憩空间整合与格局优化的主要任务就是解决空间布局的均衡性，同时，应当大幅增加布局中型、小型生态游憩空间，加强对居民服务的渗透性，使居民日常休闲游憩需求得到满足。

本研究对上海城市生态游憩空间格局演化特征的分析发现，上海各区的游憩空间格局及功能变化幅度呈现较大差异，变化幅度较大的是青浦区、奉贤区、闵行区、嘉定区和金山区等远郊地区，而市中心的大部分区域的变化幅度较小。原因主要是市中心地区地域受已有城市建设格局的制约，而远郊地区地域空间较大，其生态游憩空间建设仍有较大的完善腹地和空间。因此，根据这一演化特征和趋势，构建布局均衡和渗透性较强的空间格局是近郊及外圈区域生态游憩空间格局优化的主要方向。

9.3.3　生态游憩空间建设的近自然性与软质化

研究中通过调查发现"生态环境"居于影响游憩空间功能的六大主要要素的首位。城市居民对游憩空间中生态环境要素的关注最高。因此，在城市生态游憩空间的建设和改善过程中，通过绿地的自然化、生态公园（或自然公园）建设、废弃地的生态改造、河流管理、人工野生物的栖息地，将景观地块的创建与多样性生境相结合，形成自然的、生态健全的景观，为野生生物的觅食、安全和繁衍提供良好的庇护空间，增加总体物种潜在的共存性，形成大自然的绚丽风光与现代都市生活和谐地融为一体的城市风貌。

将生态游憩空间的建设与城市建设和管理融为一体，增加城市的软质地面比例，如伦敦城市公共绿地面积达 172.45 平方千米，人均公共绿地面积达 24.64 平方米，住宅、道路和商业建筑等硬质地面只占 37%，而公园、居住区花园和农地等软质地面占 63%，软质地面远远高于硬质地面。在以自然生态为主体的游憩空间的管理中，应重视和加强文脉的挖掘和人文活动氛围的营造，满足现代都市居民在休闲游憩活动中人际交往与文化体验的需求。

9.3.4　重视和加强多功能的生态游憩廊道系统的构建

通过加强多功能的游憩廊道系统的构建，可以整合城市生态游憩空间，把城市地域内多层次、多样化、纵横交错的线状或带状公园绿地、河湖水体等与其他重要游憩资源相串联，共同开发成为集环境、生态与游憩等为一体的城市生态网络。综合生态文明和游憩文化功能的生态游憩廊道系统是这一网络的关键。在城市生态网络中穿插高质量的步行系统，扩大上海市民接触绿色的范围，使市民在生态游憩网络中有更多的休闲和游憩机会。研究发现上海市民选择步行方式到达生态游憩空间的居民比例最大，然而与步行方式一样具有健身低碳特征的自行车出行的比例低于预期；这与上海当前城市道路建设中非机动车道建设缺失有很大的关联。因此，对于步道和自行车道等生态游憩廊道的构建是生态游憩空间整合与优化的重要环节，也是实现生态游憩空间服务功能的关键。

上海市水网发达，城市中的自然水体如海滨、河流、湖泊等是城市重要的景观资源，同时也是人们游憩娱乐的理想空间。上海城市生态游憩廊道的开发应充分利用河流、湖泊、道路等进行布设，使之与上海公园绿地系统中的块状绿地、线状绿地和带状绿地等有机连接，突出水系、绿带的景观价值和游憩功能。

专题研究 1 上海城市公园的游憩适宜度评估及空间分异研究

城市公园是城市居民休闲游憩的主要场所，因此，科学地评估城市公园的游憩适宜度，并找出城市公园体系中存在的问题，是改善和充分发挥其社会服务功能的基础。本研究将以中国上海为例，试图综合影响城市公园游憩适宜度的社会文化、区位特征和规模质量等因素构建评估体系模型，对上海市现有的 157 个城市公园进行评估，以揭示公园在游憩功能的发挥和游憩适宜度方面的总体水平和差异，同时研究将按照上海现有的区划对公园评估结果进行统计，比较公园在满足居民游憩需求方面，各个区存在的空间差异和特点，进而提出提高上海城市公园游憩适宜度的建议。

1. 引言

早在 1933 年，《雅典宪章》中将居住、工作、游憩与交通作为城市的四大功能。满足人的需要的程度和生活质量是城市功能最终的衡量标准，即城市作为自然人、社会人和文化人的生活场所和栖居地的"宜居性"（Livable）。作为自然人，我们需要有安全和健康的物质环境、干净的空气和水，以及与自然接触的机会，需要有健康的食物与舒适的庇护；作为社会和文化的人，城市需要提供公平的机会、有秩序的社会结构、人与人交流的场所，给人以认同感和归属感，提供教育和启智的氛围、审美的体验等（俞孔坚等，2005）。

随着城市化进程的加快，各种生态问题的凸显，恢复城市的宜居性与城市化的理性发展成为世界城市发展的共同议题。在过去的 20 年里，中国城市化发展的速度超越了历史上任何一个国家和时代，以生产和交通为中心的城市化发展导向忽略了城市居住和生活的本质功能。

城市公园是人们脑海里大自然图景在城市空间里的再现，是城市居民修复与自然分离创伤、恢复身心健康的精神家园，是集游憩娱乐、科教健身、文化艺术、环境生态等多项功能为一体，是促进可持续发展的"城市绿洲"（孟刚等，2003；江俊浩等，2009；李华，2014）。随着市民生活质量的提高和消费观念的转变，休闲游憩逐渐成为市民的一种基本生活需求，而城市公园是城市居民或游客到访最多、停留时间最长的绿色空间。

同时城市旅游的兴起，许多大型综合公园以其独特的文化和景观成为城市重要的旅游吸引物，城市公园也起到了城市旅游中心的功能。

多年来许多学者进行了大量的城市公园的服务功能评价的研究。在综合评价方面，陈永生（2011）从公园的景观、生态和社会效益等方面构建评价体系，陈雯等（2009）提出了包含可达性、服务覆盖率、服务重叠率和人均享有实际可达公园面积的多指标综合评价模型；梁颢严等（2010）提出了"建设用地建园比"和"社区建园比"用于评价公园绿地的分布合理性。公园绿地服务的公平性体现在公园绿地服务范围应该尽可能覆盖更多区域，不应该出现一些区域被很多公园绿地服务，而另一些区域周围没有任何公园绿地的情况（Talen，1997；Schipperinjn，2010）。因而，大量研究对公园绿地的空间布局进行了研究，其中公园可达性的研究较多，主要方法涉及统计指标法、最小距离法（尹海伟，2009；李文等，2010）、费用距离法（尹海伟，2006；陈雯，2009）、网络分析法（李小马，2009；马琳，2011；朱耀军，2011）、引力模型法（周廷刚，2004）等方法。同时，公园绿地服务应兼顾居民的社会属性，能尽量服务不同收入水平和不同年龄段的居民（Talen，1997；Schipperinjn，2010）。

城市居民对公园游憩服务功能需求越来越高，对城市现有的公园体系关注度更高，且有了更为全面的评估标准（Jim，2008；Maroko，2009），如公园有多大；会不会很拥挤；公园里的运动游乐设施如何；公园里有没有社会文化活动；到公园的交通是不是方便；去公园游玩时，附近有没有顺便吃饭购物的地方。因此，城市公园的游憩功能的发挥受到多种因素的影响，如文化活动、游憩设施、景观质量等，同时城市居民在选择公园时，也会受到地理位置、公园知名度、停车空间、周边购物餐饮设施等因素的影响。这要求相关部门在进行公园规划和管理时，不仅要考虑城市公园本身所能提供的服务功能，还应该从公园使用者的角度出发，关注城市公园游憩服务功能的适宜性和有效性。

本研究将试图综合上述因素构建评估体系模型，对上海市现有的 157 个城市公园进行评估，以揭示公园在游憩功能的发挥和游憩适宜度方面的总体水平和差异，同时研究将按照上海现有的区划对公园评估结果进行统计，比较公园在满足居民游憩需求方面，各个区存在的空间差异和特点，进而提出改善和改进的思考和建议。

本研究的其他几个部分是这样安排的：第二部分介绍研究区域和研究对象，第三部分描述了研究方法，主要包括公园游憩适宜度评价体系的构建、指标说明和赋值方法、评估模型、数据标准化方法和评价结果分级；第四部分是上海城市公园游憩适宜度的评价结果的分析和空间差异的比较。最后，总结本研究的结果和发现，并提出一些建设性的意见。

2. 研究区域和对象研究

上海地处太平洋西岸，亚洲大陆东沿，长江三角洲前缘，东濒东海，北界长江入海口（见图 1）。上海是中国国家中心城市，中国的经济、金融中心和全球最大的贸易港口。全市面积 7037.50 平方千米，常住户籍人口 1412.1 万人，有超过 2000 万人口居住和生活在上海地区。

上海拥有深厚的近代城市文化底蕴和众多历史古迹，城市绿化覆盖率为 38.15%，是重要的国际旅游城市，成功举办了 2010 年世界博览会。到 2016 年年底前，上海有城市公园 157 个，总面积 164.4572 平方千米，分布在上海的 17 个区（见图 1），是城市居民休闲游憩的主要空间。本研究将以上海的 157 个公园为研究对象，进行游憩适宜度评估，并比较上海 17 个区的公园游憩适宜度的差异。

图例
- 上海公园
- 上海行政区界

图 1　上海城市公园的分布图

3. 方法和数据

3.1 公园游憩适宜度评价体系的构建

游憩活动是基于城市、乡村、景区、度假区四类空间的基础上，进行的具有生态、文化、康体或游乐功能的休闲活动的总和。城市公园是城市游憩的主要空间，因此，在评估其游憩适宜度时，则应当综合考虑城市居民游憩需求的自然、社会和文化属性。

本研究的评价体系的构建过程主要分为以下几个步骤：第一，研究已有的文献，将相关的要素和指标进行整理和分类；第二步，通过市民访谈和专家咨询法进行指标筛选，根据指标的重要程度打分和排序；第三步，按照层次分析法构建评估指标体系。最终的评价体系选取 3 个核心因子作为指标体系的准则层，分别是文化和历史因素、区位及可达性因素、规模和特色因素；经筛选得到由 9 个因子组成的指标层。这个阶段采用德尔菲法，通过专家打分，得到关于文化和历史、区位、规模和特色的判断矩阵，层次单排序及其一致性检验，过程不再赘述，得到指标权重（见表 1）。

表 1　城市公园游憩适宜度的指标体系

目标层	准则层	指标	综合权重（W_{cn}）
游憩适宜度（U_n）	文化和历史（B_{n1}）$W_{Bn1}=0.291$	建园历史（C_{n1}）	0.097
		名人、事件（C_{n2}）	0.290
	区位和可达性（B_{n2}）$W_{Bn2}=0.268$	地理位置（C_{n3}）	0.029
		公共交通（C_{n4}）	0.028
		停车设施（C_{n5}）	0.013
		附近商圈（C_{n6}）	0.098
	规模和质量（B_{n3}）$W_{Bn3}=0.452$	公园面积（C_{n7}）	0.107
		景观质量（C_{n8}）	0.243
		游乐设施（C_{n9}）	0.093

注：n 代表第 n 个公园的参数，如 U_n 代表第 n 个公园的游憩适宜度。

3.2 指标说明和赋值方法

根据指标的特点，具体赋值采用两种方法，第一种，有些指标具有可以考证的具体数值，如公园面积、建园历史等，采用统计数据处理进行赋值；第二种，有些指标没有直接的统计数据和度量方法，如公共交通、游乐设施等，采用等级赋分法，即客观数值和等级赋分相结合的方法。但为了降低主观性的影响，本研究根据调查的上海公园的实际情况和差异，设计了指标变量赋值依据（见表 2）。此类指标赋值依据分为 5 个级别（1，0.8~0.99，0.5~0.79，0.30~0.49，0~0.29），各个级别中，又按照差异程度进行区分，以确定具体的值。

3.2.1　文化和历史类指标

城市公园承载和体现着城市的历史和文化特征，形成独具吸引力的游憩空间要素。世界上许多著名的公园都拥有独特的历史和文化传承，深得游客的喜爱，如伦敦的海德公园（Hyde Park）、阿姆斯特丹的冯德尔公园（Vondelpark）、东京的上野公园（Ueno Park），巴塞罗那的古埃尔公园（Park Gell）。上海自公元1267年设镇，公元1553年筑城以来，至1842年鸦片战争后上海开埠，到20世纪中叶发展成为国际性的大都市。如同上海的大半地区都是从海洋变成陆地一样，上海的变迁也堪称"沧海桑田"的历史。在上海曾经陆续发生过一系列重大政治和历史事件，留下了许多人文古迹，如距今400多年的明代古漪园、纪念中国近代文豪鲁迅的鲁迅公园等。因此，本研究中将公园的文化特征，与公园相关的历史代表人物和事件作为体现城市公园文化和历史的两个指标。

3.2.2　区位和可达性

区位和可达性是从需求使用角度出发衡量游憩空间适宜度的重要指标。城市公园的主要需求市场是城市居民，由地理位置决定的区位特征综合了交通要素、周边配套设施等影响公园游憩适宜度的重要特征。本研究中为了更加准确地评估公园区位和可达性特征，结合上海的实际情况选择了4个指标，分别是公园的地理位置、公共交通、停车设施和附近的商圈。

第一，上海市域面积大，目前习惯上以上海的两条高架道路外环线和内环线把上海从中心到外围区分为内环、中环和外环。最外面的是外区；内环为市中心，人口密度大，文化、商贸和交通发达；逐渐往外则次之。本研究以此差异作为公园地理位置赋值的依据之一。

第二，上海公共交通体系较为发达，目前拥有数千条公共汽车和电车线路，近年来上海交通发展思路演变为"轨交为主、公交为辅"。截至2018年，上海轨道交通共有16条建成地铁线路，全网运营线路总长705千米，车站共计415座。因此，地铁轨道交通和公交线路等公共交通作为衡量城市公园可达性的重要评估指标和依据。

第三，由于近十年来上海家庭汽车拥有量逐年增加，自驾出游成为居民休闲游憩的重要方式，因此，本研究将停车设施也纳入公园区位的衡量指标，按照实际车位数量进行评分。

第四，经调查：城市居民游憩与娱乐、餐饮和购物活动具有较大的关联性，因此，公园附近是否拥有较大的功能齐全的商圈成为公园区位要素的重要衡量指标，按照商圈的位置和功能级别进行区别评分。

3.2.3　规模和质量

第一，城市中向公众开放的城市公园越多，面积越大，就能够给城市居民提供更多的休闲游憩的机会。因此，由面积决定的城市公园的规模是其满足城市居民休闲游憩的功能重要体现。如图2所示，统计得到的1978—2011年上海公园面积与游园人数呈相关增长的特点；同时，高的公园面积占比也可以避免由于空间不足导致的游憩质量下降。本研究将公园面积作为衡量公园游憩适宜度的重要指标。

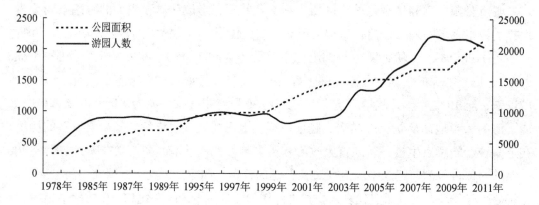

图2　1978—2011年上海公园面积和游园人数

注：左纵坐标为公园面积（单位：公顷），右纵坐标为游园人数（单位：万人次）；横坐标为时间（单位：年）。

第二，公园的景观是影响公园质量的决定因素之一，如公园内的自然景观所占比例、自然景观的质量、景观建筑物与自然景观的协调性、由植物配置决定的景观层次和美学质量等均是影响游客评价公园景观质量的依据。这一指标赋值时，我们将参考景区质量等级评定体系标准，对于已获得国家3A、4A和5A等级的城市公园给予一定的分值，其他未获评级的公园进行实地考察评分。

第三，根据调查发现，城市居民利用公园进行休闲游憩主要活动内容包括锻炼身体、亲子游戏、社交和以放松心情为目的游赏娱乐等活动。因此，公园的健身、游乐设施对于这些活动要求的实现显得非常重要。本研究将这一要素纳入公园游憩适宜度的评估指标。具体指标赋值将根据公园在上述一些主要居民游憩需求的活动设施的完备情况而评分（见表2）。

表2　各指标变量的赋值依据

指标代码	指标变量	赋值标准				
		1	0.80~0.99	0.50~0.79	0.30~0.49	0~0.29
C_{n1}	建园历史	500年以上	100年到500年	其余根据min-max标准化方法对其进行打分		
C_{n2}	代表名人、事件	国际知名	国内有名	有一定影响	有代表性事件	零星活动或无
C_{n3}	地理位置	内环（中心市区）	中环内	外环内	外环外，但市中心车程<1小时	距市中心车程>1小时
C_{n4}	公共交通	3条及以上轨道路，有5条及以上公交线路	2条地铁轨道线路，有4条及以上公交线路	1条地铁线路轨道线路，有3条及以上公交线路	无地铁轨道，有3条及以上公交线路	无地铁轨道，仅1~2条公交线路

指标代码	指标变量	赋值标准				
		1	0.80~0.99	0.50~0.79	0.30~0.49	0~0.29
C_{n5}	停车设施	停车服务方便，场地车位充足	停车服务较方便，旺季车位较紧张	停车服务一般，车位紧张	停车不便，车位很少	非正式或无停车设施和服务
C_{n6}	附近商圈	500 米内有大型商业中心	1000 米内有大型商业中心	1000 米内有中型商业圈	1000 米内有小型商业圈	简单零星的商业点或无商业圈
C_{n7}	面积	按照 min-max 标准化方法对实际面积进行标准化，得到介于 1~0 的得分				
C_{n8}	景观质量	5A 级景区	4A 级景区	3A 级景区	未评级，按照景观质量打分	
C_{n9}	康体游乐设施	各类设施和服务完备	各类设施较完备	有一定设施	设施较少	很少或基本无设施

3.3　评估模型

本研究中，城市公园游憩适宜度评估采用加权求和模型，加权求和方法是指标综合应用最多的方法，不仅应用于模糊综合评价模型、物元评判模型及 Shepard 插值模型等模型中，在很多城市问题评价时也被直接运用。其计算公式如下：

$$U = \sum_{i=1}^{n} w_i z_i$$

式中，U 为指标综合值；z_i 为 i 指标的标准化值；w_i 为 i 指标的权重系数；n 为指标项数。

3.4　数据标准化和结果分级

不同变量常常具有不同的单位和不同的变异程度。为了消除量纲影响和变量自身的变异大小的影响，故需要将数据进行标准化处理。数据标准化的常用方法有 min-max 标准化、z-score 标准化、小数定标标准化和归一化。其中，第一种方法是也称极差标准化，其原理是对原始数据进行线性变换。设 C_{min} 和 C_{max} 分别为指标 C 的最小值和最大值，将 C 的一个原始值 x 通过 min-max 标准化映射成在区间 [0，1] 中的值 x'。本研究主要是为了对各公园的游憩适宜度进行横向比较，因此，采用级差标准化的方法对数据进行标准化处理。其中正效应（越大越好）的指标的标准化公式如下：

$$S_i = \frac{x_i - x_{min}}{x_{max} - x_{min}}$$

负效应（越小越好）指标的标准化公式如下：

$$S_i = 1 - \frac{x_i - x_{min}}{x_{max} - x_{min}}$$

式中，x_i 为某一指标的原始值，x_{min} 为某一指标的最小值，x_{max} 为某一指标的最大值，S_i 为某一指标的标准化值。

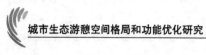

本研究采用综合指数分级的方法分析城市公园游憩适宜度的计算结果。参照国内外的各种综合指数的分级方法，将城市公园游憩适宜度的综合指数划分为游憩适宜度高（≥0.80）、较高（0.60~0.80）、一般（0.40~0.60）、较低（0.20~0.40）和低（≤0.20）5个等级。

4. 结果和讨论

4.1 公园游憩适宜度评价结果

根据建立的指标体系和评估模型对上海157个城市公园进行游憩适宜度的评估，可以得到如下结果：

第一，上海各个公园的游憩适宜度存在很大的差异。根据上海157个公园游憩适宜度评估结果绘制综合得分随机分布曲线（见图3），从图中可以发现，曲线高低错落，各个公园在游憩适宜度的各项评估指标和因素中，均体现出较大的不平衡性。

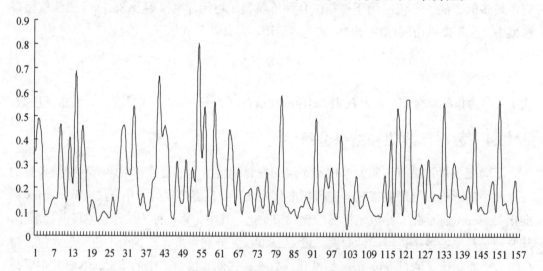

图3　上海157个城市公园的游憩适宜度评估得分的随机分布曲线

第二，上海各个公园的总体得分水平比较低。为了更加清楚地识别出上海城市公园在游憩适宜度的特征，图4将157个公园的得分按照区间分布进行了统计，从图中可以发现，上海各个公园的总体得分水平比较低，得分在区间（0.1~0.2）的最多，共有61个公园，即三分之一；同时，得分处于最低分数区间（0~0.1）的有33个公园，属于第二多的区间，另一个为数较多的区间（0.2~0.3）有24个公园，也是较低的分数区间；而相反，在较高分数区间（0.8~0.9）的仅仅有1个公园上榜，区间（0.7~0.9）为零，区间（0.6~0.7）只有两个公园；其他处于3个中间区间的公园数量也并不多，共有32个公园。

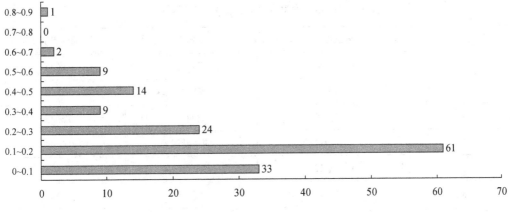

图4　上海城市公园游憩适宜度得分在各区间的分布

因而，由上海城市公园的游憩适宜度分级统计结果（见表3）发现，整体适宜度呈现较低的水平，导致其金字塔形的分布特征（见图4）明显，在5个级别中，由低到高的公园数量越来越少。因此是十分不合理的，难以符合城市居民的游憩需求。

表3　上海城市公园游憩适宜度分级

分级	综合指数值	公园数量
第Ⅰ级：游憩适宜度高	≥ 0.80	1
第Ⅱ级：游憩适宜度较高	0.60~0.80	2
第Ⅲ级：游憩适宜度一般	0.40~0.60	24
第Ⅳ级：游憩适宜度较低	0.20~0.40	35
第Ⅴ级：游憩适宜度低	≤ 0.20	95

第三，将157个城市公园的游憩适宜度评估的得分进行排序，表4是排名前20的公园。前5位分别是古漪园（0.8020）、中山公园（0.6860）、豫园（0.6625）、上海野生动物园（0.5849）和闸北公园（0.5690）。排在第一位的嘉定区的古漪园，始建于1956年，占地97 333平方米，是保存完好的明代建筑、五大古典园林之一；尽管处于外环，但有地铁和9条公交直达，景观质量高，各类设施完备，属于4A级旅游景区；因此，其游憩适宜度的各项指标均较高，综合得分达到0.8020。同时，从区域分布上，前20名公园的分布也存在很大的不平衡性，在上海的16个区中，嘉定、长宁、黄浦、浦东、松江和金山6个区分别拥有两个公园入围，静安、徐汇、虹口、青浦等分别有1个公园入围，而其他6个区均没有公园进入前20名；尤其是人口较为密集的市中心的静安、普陀等区，居民游憩需求较高，但公园游憩适宜度水平却明显不足。

表 4　游憩适宜度得分排名前 20 的上海城市公园

排序	公园名称	所属区	最终得分
1	古猗园	嘉定区	0.8020
2	中山公园	长宁区	0.6860
3	豫园	黄浦区	0.6625
4	上海野生动物园	浦东新区	0.5849
5	闸北公园	静安区	0.5690
6	方塔园	松江区	0.5669
7	醉白池公园	松江区	0.5637
8	张堰公园	金山区	0.5547
9	光启公园	徐汇区	0.5538
10	鲁迅公园	虹口区	0.5414
11	秋霞圃	嘉定区	0.5331
12	曲水园	青浦区	0.5222
13	世纪公园	浦东新区	0.4937
14	临江公园	宝山区	0.4886
15	淞南公园	宝山区	0.4655
16	人民公园	黄浦区	0.4613
17	共青森林公园	杨浦区	0.4568
18	上海海湾国家森林公园	奉贤区	0.4566
19	上海动物园	长宁区	0.4562
20	亭林公园	金山区	0.4370

4.2　公园游憩适宜度的区域差异

为了更清晰地了解上海城市公园游憩适宜度在空间上的差异，本研究将各个区的公园的适宜度得分进行平均分统计，并运用极差法进行标准化处理（见表 5）。从中可以得到一些有价值的发现：

第一，表 5 按照各区的城市公园游憩适宜度的平均得分进行排序，在 16 个区中，排在前 5 位的分别是奉贤、嘉定、青浦、金山和松江，这 5 个区公园游憩适宜度的平均分都在 0.3 以上。从区域分布上来看，它们均不属于市中心区，处于市郊。这 5 个区尽管公园数量不多，但总体质量相对较高。

表 5 上海各区城市公园数量及游憩适宜度平均得分

序号	分区	公园数量	平均得分	标准化后得分
1	奉贤区	4	0.3527	1.0000
2	嘉定区	7	0.3441	0.9609
3	青浦区	3	0.3410	0.9470
4	金山区	7	0.3086	0.7998
5	松江区	5	0.3015	0.7675
6	黄浦区	11	0.2814	0.6763
7	宝山区	13	0.2583	0.5711
8	虹口区	8	0.2258	0.4239
9	徐汇区	11	0.2229	0.4104
10	长宁区	13	0.1920	0.2702
11	浦东新区	24	0.1875	0.2499
12	杨浦区	14	0.1790	0.2115
13	静安区	10	0.1668	0.1561
14	闵行区	9	0.1657	0.1508
15	普陀区	16	0.1470	0.0661
16	崇明区	2	0.1325	0.0000

第二，根据上海 16 个区的城市公园的游憩适宜度平均分的标准化结果，发现清楚地看到各区公园游憩适宜度的空间差异和格局分布特征。上海的西部地区的公园游憩适宜度明显优于东部地区，分析具体指标可以发现造成这种差异的主要原因包括公园的地理布局、交通、公园规模、景观质量及配套设施等。如市中心的普陀区尽管拥有 16 个公园，但是大多数公园规模都小，且缺乏文化底蕴和特色，因此，游憩适宜度的综合得分受到了影响。另一个得分较低的是崇明区（这是由 3 个岛屿组成的区），尽管其中最大的崇明岛被列为上海的"生态岛"建设项目，而且新的隧桥工程的竣工，很大地改善了其交通条件，但是它所辖的公园数量少，位置较为偏远，相关配套设施不足，缺乏历史和文化特色，因此，在本次评估中，呈现明显劣势。

5. 结论

城市公园融游憩休闲、环境生态、园林艺术和文化活动于一体，能够提供人与人、人与自然交流的机会，是衡量城市建设水平和文明程度的重要标志，更是城市宜居程度的体现要素之一。因此，本研究是基于城市公园在城市宜居功能的认识，开展的公园游憩适宜度的评估分析。

本研究从公园的使用者角度，经过调查和访谈，综合考虑了影响使用者评价和选择城市公园的各类要素，包括公园本身的历史文化特征、景观质量和规模，即能够为使用者所直接体验到的因素；与此同时，也考虑了城市居民休闲游憩过程中的行为心理特征，将由交通条件、人际交往及周边购物餐饮设施等要素所决定的公园的外部要素也纳入评估的考虑范围。因此，本研究构建的评估体系和评价结果对于城市的规划和管理者具有决策参考价值。

根据上海 157 个公园游憩适宜度存在很大的差异，上海城市公园游憩适宜度水平的总体较低，各区分布存在很大的不平衡性，难以符合城市居民的游憩需求，尤其是人口较为密集的市中心区的供需矛盾比较突出。公园的区位布局不合理、交通不便、公园规模不够和景观质量不高及配套设施等因素成为主要的制约因素。

因此，根据评估结果，提高城市公园的游憩适宜度的解决方法有两方面：一是通过改善现有城市公园的内部设施、景观质量及丰富社会文化活动等措施提高公园的游憩适宜度；二是城市规划和管理部门要针对性地在公园的规划和布局上考虑居民使用需求和行为习惯，进行原有公园的交通条件的改善和餐饮购物等设施的配套建设，同时针对公园布局与需求间的矛盾，充分利用空间，增加公园绿地，从而提高上海公园的整体游憩适宜度水平，提升居民日常游憩的满意度。

专题研究 2　城市生态游憩系统的碳效应研究

城市生态游憩系统作为城市生态系统的重要组成部分，是城市碳循环中一个重要的碳库，同时由于其特殊的游憩功能增加了其碳效应的复杂性。根据系统碳效应过程，城市生态游憩系统可分为源（碳排放）子系统、漏（碳失汇）子系统、汇（碳吸收）子系统和序（减排）子系统；运用 VENSIM PLE 构建由 63 个参数组成的上海生态游憩系统系统动力学模型，并对不同的情景下上海城市生态游憩系统进行仿真模拟，对未来一段时期内系统的碳汇、碳源及碳足迹等碳效应过程和因子进行预测和分析。结果显示：受生态游憩地空间格局约束，上海城市生态游憩系统的碳汇效应受限；人为碳源是系统碳源的主因，碳足迹赤字明显；生态游憩地的管理能力影响系统的碳汇潜力，同时生态绿地的养护方式影响碳源组成。

1. 引言

全球气候变暖与人类活动导致的大气中温室气体含量的大幅度上升密切相关，二氧化碳作为温室气体的主要成分受到广为关注。因而，全球碳循环也因此成为国际学术界关注的研究热点和学术前沿。目前其研究内容主要包括碳通量与碳储量研究（Kaminski，2001；陶波 等，2001；黄耀，2002；Gurney，2005；Dufrene，2005；Xie，2007；方精云，2007；张红星，2007；Stephens，2007；Fan，2008；赵俊芳，2008；Sun，2009；Chamberlain，2010；王春权，2009；朴世龙，2010；于贵瑞，2011）、碳循环及碳效应研究、碳源汇及其格局等方面（Neilson，1992；Prentice，1993；Parton，1993；White，1997；Melillo，1993；Yan，2000）。基于模型定量的碳循环和碳效应研究多关注于大中尺度的全球和区域生态系统，并对其与气候变化和环境影响开展了大量的研究，以碳排放的测算为基础的研究成果为地区发展和减排提出了依据。

全球范围内迅速发展旅游业的碳排放问题已经引起广泛的关注。研究显示，在人为因素引起的全球气候变暖的贡献率上，整个旅游部门占到了 5%~14%。UNWTO-UNEP-WMO（2008）估算了全世界旅游业碳排放为 13.07 亿吨。据预测，到 2035 年旅游部门中的碳排放量将增加 152%，整个旅游部门对全球变暖的贡献率将增加 188%（UNWTO，2008）。2009 年 5 月，世界经济论坛正式提出了"低碳旅游"的概念。2009 年世界旅游旅行理事会（WTTC）确定，到 2020 年实现旅游产业 CO_2 排放量在 2005 年的基础上削减 25%~30%，到 2035 年削减 50% 的目标。因此，旅游业是应对气候变化和减少二氧化碳排放的领域之一，旅游业的碳排放与补偿问题已成为全球关注的焦点和热点。

近年来学者们对旅游业碳排放问题进行了系统大量研究，已有的文献涉及旅游业的交通（Becken，2002；Peeters 等，2003；Monbiot，2006；杨新军等，2006；Simpson，2008；Lin，2010；魏艳旭等，2012）、酒店住宿（李鹏等，2009；胡传东，2010；刘益，2012）和餐饮（Gossing，2010；Tesco，2010）、旅游活动等的碳排放和影响（Patterson 等，2004；Becken 等，2006；Patchen，2006；Jones 和 Munday，2007；Kellstedt，2008；Jackson，2008；Smith 等，2009；Dwyer 等，2010）、旅游碳足迹测度（Richard，2007；Dwyer，2010）、旅游业碳排放的公众认知（Becken，2004；McKercher，2010）等方面，并提出低碳旅游及碳中和（补偿）等理念和对策以减轻其带来的与日俱增的碳排放问题（Sterk，2004；Lecoe，2005；蔡萌，2010；谢园方，2010；石培华，2010；董观志，2011；王谋，2012）。此外，宋一兵（2012）对旅游业的碳汇潜力进行了探讨。但是在旅游和游憩系统的碳源汇间的作用机制的碳效应方面的研究仍非常有限。

城市是 CO_2 等温室气体的主要来源地，面积不足全球陆地总面积 2.4% 的城市贡献了超过全球 80% 的 CO_2，因而城市碳效应的研究是全球碳循环研究的关键组成部分。由于人类活动作用影响深刻，城市生态系统具有特殊性，碳效应仍将成为研究的热点。目前，对城市生态系统碳循环研究主要有城市土地利用、城市绿地的碳排放和碳通量研究（McPherson，1998；Jo，1999；Nowak，2002；Soegaard，2003；Houghton，2006；Pataiki et a1.，2006；Steven，2008）。

随着城市化进程的加快，各种生态问题的凸显，恢复城市的宜居性与城市化的理性发展成为世界城市发展的共同议题。城市生态游憩系统以城市及其周边区域内的公园、绿地等生态空间为基础，对于尊重和保护城市生态和文化的多样性，满足城市居民休闲游憩需求具有重要的意义。城市生态游憩系统作为城市生态系统的一个组成部分，是城市碳循环中一个重要的组成部分。

本研究将基于城市生态系统的复杂性和游憩活动的特殊性，尝试探究城市生态游憩系统的碳效应的过程和机制。研究采用系统动力学方法构建系统模型，以上海为例，并通过情景仿真，分析城市生态游憩系统的碳源和碳汇，以及碳足迹的特点和趋势，试图发现系统碳效应过程存在的问题和解决的办法，对城市旅游业可持续发展与城市生态建设和管理提供参考依据。

2. 数据和方法

2.1　建模方法和目的

系统动力学（System Dynamics，SD）方法是一种以反馈控制理论为基础，以计算机仿真技术为手段的研究复杂社会经济系统的定量方法（拓学森，2006）。系统动力学解决问题的独特之处是建立数学的规范模型，从系统内部的微观结构入手进行建模，来分析研究系统结构、功能和行为的内在关系及其解决问题的对策；它能方便灵活地进行决策模拟和多方案比较，适用于解决复杂系统的结构和功能的协调和研究中长期的系统动态发展的问题。

城市生态游憩系统是一个人与自然之间的关系相互交织在一起的复杂系统，其触发传递和响应控制均表现为反馈的动力学特征，同时具有自组织和被组织性、有序与无序的动态性。因此，建立系统动力学仿真模型有助于实现游憩系统的动态研究。

本研究将建立城市生态游憩系统的碳效应分析模型，反映由游憩活动引发的碳排放的作用传递过程和生态游憩空间系统的响应控制过程，同时考虑其要素的相互影响作用，实现不断触发—传递—响应—控制的复合高阶演变过程的模拟。在碳源、碳汇分析基础上，建立反映系统碳效应过程的系统动力学模型；并通过不同情景下的系统动态仿真，预测碳效应的趋势，寻求削减碳排放、增加碳储量的应对策略和措施，进而为城市生态游憩发展和生态环境保护提供科学依据。

2.2　源–漏–汇–序（SLSO）的模型框架

城市生态游憩系统是城市系统、游憩系统与生态系统的交集（赵敏，2010）。城市生态游憩系统是由社会、经济、文化和生态等系统网络交织而成的复杂综合系统，具有复合系统的典型特征（见图1）。复合系统是由具有不同性质的子系统组成的大型系统，如经济–资源–环境复合系统。复合系统除了具有系统的共同特性外，还具有以下特点：①差异性。组成复合系统的子系统通常存在结构和功能上的差异。②自组织与组织特征。复合系统除了具有自然系统即自组织的特征外，还具有人工系统的特征，表现出组织角色。③交互。复合系统中的子系统相互作用。④动态。复合系统是一个动态的大系统，其复合程度和整体功能会随时间变化（华文秀，2000）。复合系统的协调是反映各子系统之间及各要素之间关系的一个重要特征。

城市生态游憩系统中既包括自然碳过程也包括人为碳过程，且二者相互作用，相互影响，共同构成城市生态游憩系统的碳循环过程（屈宇宏，2015）。城市生态游憩系统中游憩者的活动主要通过源（碳排放）和漏（碳失汇）的流变过程作用于系统，系统中的生态空间主要通过汇（吸收）和序（减排）的流变过程加以响应。

系统中的碳源包括人为的碳排放和自然的碳失汇过程。人为的碳排放是指城市生态游憩者通过呼吸、交通、使用游憩设施及产生垃圾等造成的碳排放；自然的碳失汇是指自然生态系统中的植被、土壤和水体本身代谢产生的碳排放，这与植被和土壤的组成结构和生物地理特征有关。

系统中的碳汇包括自然碳汇和人为碳汇。自然碳汇是碳汇的主要组成部分，包括自然生态系统中植被、土壤和水体的碳汇能力；人为碳汇是通过人为作用，增加系统的碳汇能力或减少碳排放而形成的碳汇作用，如增加系统中的绿地面积（尤其是林地面积）、游客选择低碳出行及清洁能源的应用等措施降低碳排放。

城市生态休闲系统中娱乐活动主要通过源（碳排放）和漏（碳汇损失）的流变过程对系统起作用。系统中生态空间的响应主要是通过碳汇（碳吸收）的流变过程和序（碳排放的减少）。系统模型将根据源－漏－汇－序（SLSO）框架（见图1），建立城市生态游憩系统，包括源（碳排放）子系统、漏（碳失汇）子系统、汇（吸收）子系统和序（减排）4个子系统。

根据系统碳效应过程，选择和确定了63个参数，以构建生态游憩系统的系统动力学模型。使用VENSIM PLE建模（见图2），模型运行时段为2005—2014年，仿真步长为1。模型参数的选取和确定是根据相关文献和统计资料中获取或推算得到的，具体的系统仿真方程则是在数据分析基础上，根据系统碳效应的反馈关系确定的。

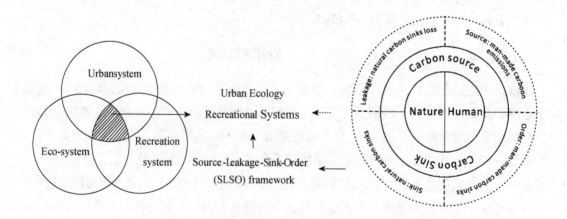

图1 城市生态游憩系统碳效应分析的"源－漏－汇－序"的框架

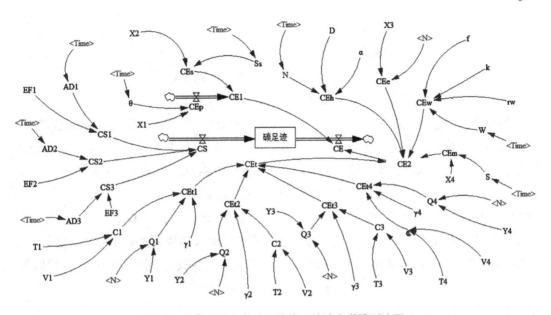

图 2 上海市生态游憩系统的系统动力学模型流图

注：CS：总碳汇；CE：总碳源；CE1：自然碳源；CE2：人为碳源；CEp：植被碳源；CEs：土壤碳源；CEh：游憩者呼吸碳源；CEt：交通碳源；CEe：游憩活动碳源；CEw：废弃物处理碳源；CEm：绿化养护碳源；CS1：公园绿地碳汇；CS2：风景游憩林碳汇；CS3：水域湿地碳汇；X1：参数 1；θ：绿化覆盖率；X2：土壤的净呼吸密度；Ss：土类总面积；N：年游憩者人数；D：每位游客全年累计天数；α：每人每天呼吸产生的二氧化碳排放量；Qi：第 i 种交通的年游憩者人数；Ci：第 i 种交通方式的距离；γi：第 i 种交通方式每人每千米碳排放标准量；X3：游憩活动碳排放基准量；W：园林废弃物量；rw：处理固体废弃物的单位耗能量；f：电能的标准煤转换系数；k：标准煤碳排放系数；S：城市绿地面积；X4：养护活动单位面积产生的碳排放标准量；AD1：公园绿地面积；EF1：公园绿地碳吸收量系数；AD2：风景游憩林面积；EF2：风景游憩林碳吸收量系数；AD3：水域湿地面积；EF3：水域湿地碳吸收量系数

2.2 模型的主要函数与方程

系统模型的主要函数方式如下。

在自然碳源子系统中产生碳排放的主要两个因素为植被碳源与土壤碳源，采用反映 CO_2 通量的微气象测定的涡相关法和反映碳沉积的现存生物量清算方法，其中主要的方程式如下：

$$植被碳源 \quad CE_p = 8.275 \times 10{-3} \times \theta$$

$$土壤碳源 \quad CE_s = Ss \times 0.1044$$

本系统中人为碳源在整个系统碳源中所占比重很大。因此，在可控范围内发挥人的主观能动性，使人为因素对系统的作用由负转正是研究和实践的终极目标。人为碳源主要包括游憩者呼吸、交通、活动设施、废弃物处理、绿化养护 5 部分所产生的碳排放量，其中主要方程式如下：

$$游憩者呼吸碳源 \quad CE_h = N \times D \times \alpha$$

$$交通碳源 \quad CE_t = \Sigma\,(\,Q_i \times C_i \times \gamma_i\,) \times 2$$

$$活动设施 \quad CE_e = N \times 1.145$$

$$废弃物处理碳源 \quad CE_w = W \times r_w \times f \times k$$

$$绿化养护碳源 \quad CE_m = S \times 0.194$$

城市生态游憩空间具有重要的碳汇作用，公园绿地、风景游憩林及水域湿地主要通过植物、土壤或水溶解等来吸收和固定 CO_2。在本系统模型中为了简化计算，采用碳汇因子法来计算公园绿地、风景游憩林及水域湿地的碳汇能力，主要方程式如下：

$$碳汇总量 \quad CS_i = AD_i \times EF_i$$

式中，$i=1$，2，3；分别代表公园绿地、风景游憩林及水域湿地。基于上海市统计年鉴数据，出于简化模型考虑，将模型中绿化覆盖率的年增长率视为常数（年平均增长率为 0.004141591）。将 2005—2014 年上海市绿化覆盖率进行线性拟合，可以得到拟合方程如下：

$$Y_N = Y_{N-1} \times (\,1 + 0.004141591\,)^{\,N-2005}$$

式中，N 为年份，Y_N 为第 N 年的绿化覆盖率。

上海市游憩人数在近十年的发展过程中的，大致分为两个阶段：2005—2008 年增长较迅速，2009—2014 年增长速度有所放缓。因此，为了减小系统误差，采用表函数来表示游憩人数变量，其表示方法如下：

N=（[（2003，1e+008）–（2023，3e+008）]，（2005，1.3656e+008），（2006，1.6652e+008），（2007，1.8342e+008），（2008，2.2119e+008），（2009，2.1671e+008），（2010，2.1794e+008），（2011，2.0481e+008），（2012，2.2231e+008），（2013，2.0574e+008），（2014，2.2286e+008））

式中，N 表示年游憩人数，e+008 表示 $\times 10^8$。

本系统模型中土类总面积及城市绿地面积均用表函数表示，结合专家评估以及模型的参考行为特征确定。

2.3　参/系数值的确定和模型的检验

系统模型中涉及的常量参数的设置以 2014 年的统计值为准，变量系数值的确定采用经验值和专家意见法相结合，结果如表 1 所示。

表 1　上海城市生态游憩系统常数参数及变量系数表

参/系数	值	参/系数	值	参/系数	值
X_1	8.275×10^{-3}	X_4	0.194	$\gamma 1$	0.29
X_2	0.1044	EF1	5.99	$\gamma 2$	0.628
D	5.6034	EF2	4.77	$\gamma 3$	0.053
α	0.9	EF3	0.4	$\gamma 4$	0.061
X_3	1.145	V1	24	T1	0.667

参/系数	值	参/系数	值	参/系数	值
r_w	231.3324	V2	72	T2	0.533
f	0.1229	V3	36	T3	0.422
k	2.45	V4	36	T4	1.5

本模型以土壤碳源与绿化养护活动碳源为例，使用相对误差与线性回归拟合的方法对模型的运行结果进行检验。根据表2可以发现在2005—2014，土壤碳源与绿化养护活动碳源的实际值与仿真值之间的相对误差均不超过5%，在可允许的相对误差范围内，同时运用SPSS20进行线性回归拟合检验，可以得到的结果如下。

土壤碳源：$R=1$；$R^2=1>0.6$；$sig=p<0.001$

绿化养护活动碳源：$R=1$；$R^2=1>0.6$；$sig=p<0.001$

由 R^2 远大于0.6接近于1，同时p值远小于0.001，可以看出两个变量的实际值与仿真值的线性关系在回归模型上显著相关。

表2　土壤碳源与绿化养护碳源的实际值与仿真值的对比表

年份	土壤碳源（万吨）			绿化养护碳排放（万吨）		
	实际值	仿真值	相对误差（%）	实际值	仿真值	相对误差（%）
2005	0.14	0.1391	−0.6557	2.58	2.5845	0.1733
2006	0.15	0.1482	−1.2307	2.75	2.7531	0.1109
2007	0.15	0.1543	2.8900	2.87	2.8679	−0.0732
2008	0.17	0.1661	−2.3059	3.09	3.0862	−0.1246
2009	1.02	1.0173	−0.2608	18.9	18.9045	0.0238
2010	1.04	1.0377	−0.2250	19.28	19.2822	0.0114
2011	1.05	1.0497	−0.0267	19.51	19.5063	−0.0190
2012	1.06	1.0624	0.2292	19.74	19.7424	0.0122
2013	1.06	1.0575	−0.2349	19.65	19.6510	0.0051
2014	1.05	1.0456	−0.4200	19.43	19.4295	−0.0026

2.4　仿真情景的设定

本研究在确定了上海的城市生态游憩系统边界的前提下，分析了上海市近10年的碳源汇数据，发现系统碳排放主要受游憩人数、城市绿地面积和游憩活动产生的废弃物总量的影响，系统碳汇主要受公园绿地与风景游憩林面积变化的影响。

因而，本研究模拟不考虑自然环境发生重大改变，如自然灾害导致的改变。情景设定以下假设。

假设1：绿化覆盖率稳定增加。根据上海"十三五"发展规划目标：至2020年，上海市森林覆盖率将增加至 18%，人均公园绿地达到 15 平方米以上，建成区绿化覆盖率力争达到 40%。

假设 2：自然水域湿地生态系统得到较好保护管理，假设其面积基本保持不变。

假设 3：废弃物处理技术实现低碳化。枯枝落叶等绿化垃圾，因填埋不好压缩，极其浪费土地资源；焚烧会加剧环境污染并会造成火灾隐患。因此，可根据地区不同情况采用就地堆肥、掩埋，可以提高土壤肥力或收集加工利用，形成有机肥料、生物基质、能源材料等，实现资源循环利用。

在此假设下，本研究设定三个情景。

情景一：根据现有趋势发展（不管控）。

情景二：实施碳源强控制，碳汇弱干预。控制游客出游量增长率 50%，污染物降低 10%，稳定增加城市绿地面积至 15 万公顷。

情景三：实施碳源弱干预，碳汇强控制。控制游客出游量增长率 10%，污染物降低 20%，稳定增加城市绿地面积至 20 万公顷。

3. 结论和讨论

本研究在 3 种情景下进行系统仿真，对 2014—2024 年上海市城市生态游憩系统碳排放量和碳吸收量进行估算。根据情景模拟的结果（见表 3）比较，可以发现在 3 个情景下的发展趋势。

表 3 2014—2024 年碳源、碳汇和碳足迹系统仿真值表（单位：万吨）

年份	碳源			碳汇			碳足迹		
	情景一	情景二	情景三	情景一	情景二	情景三	情景一	情景二	情景三
2014	303.32	303.32	303.32	27.30	27.30	27.30	−276.03	−276.03	−276.03
2015	323.12	292.27	330.68	28.04	28.63	27.75	−295.07	−263.64	−302.93
2016	342.91	280.68	345.82	28.72	29.73	28.29	−314.19	−250.95	−317.53
2017	362.70	291.57	363.01	29.27	30.55	28.92	−333.43	−261.01	−334.09
2018	382.49	298.17	372.92	29.76	31.23	29.59	−352.73	−266.94	−343.33
2019	402.28	289.77	361.97	30.26	31.90	30.42	−372.02	−257.87	−331.55
2020	422.07	295.24	401.03	30.93	32.74	31.37	−391.15	−262.49	−369.66
2021	447.76	292.81	430.89	31.53	33.58	32.41	−416.23	−259.22	−398.48
2022	473.45	302.03	449.52	31.94	34.21	33.46	−441.51	−267.81	−416.06
2023	499.14	296.73	448.49	32.52	35.02	34.48	−466.62	−261.72	−414.01
2024	528.17	297.16	499.78	33.21	35.93	35.17	−494.95	−261.23	−464.61

（1）碳源中，游客行为产生的碳排放比重较大。游客出行人数的降低对于碳源有显著影响，呈显著的正相关。由情景仿真结果可以看出，随着游客人数的波动，人为产生的碳源会产生较大幅度的变化，碳源的模拟值排序是情景一、情景三和情景二。但是，由于人们的出游意愿随生活品质和游憩需求增加而提高，因此，控制游客人数并不是减少碳排放的合理方法。随着科技的进步与人们环保意识的增强，可行的方案是减少游客出行方式及活动行为产生的碳排放，使用清洁能源及新能源替代高污染的旧能源；同时完善生态结构体系，优化生态空间的布局。

（2）废弃物总量减少和处理技术的低碳化可有效减少碳排放。相对于情景一，情景二和情景三都不同程度地设定了废弃物总量的控制指标。模拟结果显示，废弃物的控制效果非常明显。

（3）碳汇模拟结果显示，碳汇量的排序由大变小是情景二、情景三和情景一，但是三种情景差别不是很大。总体碳汇趋势是逐年增加，由此可见绿化面积的增加对碳汇的增加效果是明显的。但是上海的林地和绿地的土壤碳含量较低，通过植树造林增加碳汇的潜力有限。建议通过加强森林抚育，以提高森林碳储量和碳密度；探索多元化的城市生态建设方式，因地制宜发展立体绿化，提高城市绿化；实施节约型绿化管理模式等措施，来提高碳存储能力（马涛，2011）。

（4）由图3可以观察到，情景二的碳足迹结果是相对最优的。通过对游憩者出行方式及活动的碳排放控制、建设城市林地绿地、循环利用绿化垃圾、采取清洁能源等方式均能有效改善城市生态游憩系统的生态效益。同时，可以发现系统仍具有较大的增汇空间。

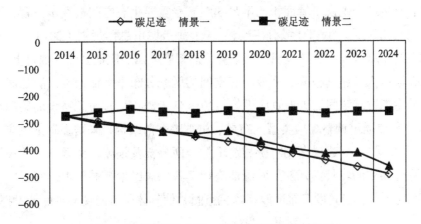

图3 系统碳足迹（汇－源差）仿真趋势对比图

（5）通过比较各个情景在系统碳汇、碳源和碳足迹等方面的模拟结果，可以做出情景方案的比较和评价（见表4）。

表4 情景模拟结果的比较和评价

	碳源	碳汇	碳足迹	情景分析	评价
情景一	1	3	1	高排放、低汇能、系统碳效应失衡	差
情景二	2	2	2	低排放、高汇能、系统碳效应可控	较优
情景三	3	1	3	高排放、较高汇能、系统碳效应失衡	较差

对上海城市生态游憩系统而言，各情景的模拟结果中，情景一代表现状趋势，如果按照现有的发展模式和趋势，未来十年系统将面临较高的游憩需求所带来的高排放的压力，其将驱使碳足迹的快速增长，原因主要是由于游客交通、活动和设施及废弃物处理等导致的碳排放压力大于系统碳汇的中和能力，从而导致系统碳效应失衡。情景二的指标设置是通过增加绿地和林地面积增加碳汇能力，同时提高游客出行及废弃物等碳排放的控制，并提高低碳技术的应用从而减少碳排放压力，从而获得了较低的碳足迹值，系统碳效应得到有效的控制。这是3个情景方案中最优的。情景三尽管在碳汇能力方面的指标所有设定，通过生态系统建设和管理能力的提高提升了碳汇能力；但是碳排放管理控制不强，仍受游客出行和活动等方面的压力，系统碳效应失衡状态明显。

4. 结论和建议

4.1 优化城市生态游憩空间的格局是关键

当前上海生态用地占市域面积比不足50%，且重要生态空间被逐步蚕食，城市的生态游憩空间相对匮乏，生态环境有待改善（《上海市城市总体规划（2015—2040）纲要概要》）。上海市城区大型公园呈现饱和趋势，而郊野公园、湿地公园在数量上显著不足，尤其是中心城区人口密度极高，开放生态空间的区域分布不平衡，难以满足居民的游憩需求。同时生态游憩空间的碳汇效应不佳，2014年上海市生态游憩系统的碳源与碳汇比值近11:1，需要通过调整绿地类型、布局、植被的群落结构，来增强碳汇效应。根据本研究结果，政府层面，建议做到对游憩需求的全面分析及预测，科学合理地规划生态空间，满足游憩需求的增长。开发公园绿地应切实考虑居民生活的需求，完善信息公开途径与公众参与形式，多角度多维度改善绿色空间，使其休闲游憩功能更好地发挥。

4.2 倡导游憩者低碳出行

上海生态游憩系统的碳排放中人为碳源比重较大，且交通碳源比重占到近50%。游憩者中采用步行、自行车和电动车的人数不足50%，因此，亟待贯彻公交优先与绿色出行理念，优化和提升慢行交通品质。需通过宣传教育增强市民对低碳旅游的认知，更新消费模式与生活理念。

应积极倡导市民爱护自然，不损坏植物和干扰动物，尽量采用步行或自行车等绿色出行方式，多使用节能环保设备，优先选择体育、运动、康体等低碳排放的体验活动，少进行野炊或烧烤等高碳化户外活动，对产生的废弃物进行垃圾分类处理和循环利用等（宋志方，2012）。

4.3　提高生态游憩地管理能力和创新养护方式

城市生态游憩系统的管理水平影响到其功能和碳效应。上海各类城市生态空间隶属不同的行政主管部门，没有统一的管理标准，这造成了管理上的混乱。城市生态空间应选择政府主导、管理社会化、养护市场化的发展方向，通过多元化创新的管理模式可以有效控制高排放行为。

将可再生能源利用技术、绿色建筑技术和资源利用技术等应用于城市生态游憩空间的设计、建设和管理全过程，不仅能减少能源的消耗，减少温室气体的排放，同时还因为新技术的应用对外观有了新的展现形式，使其具有了独具特色的审美情趣。例如，利用风能和太阳能保证公园内路灯的电力供应，使用带有感应开关的水龙头，使用光感控制的照明设施，利用反光材料或其他特殊材料制作公园指示牌等（邵诗玥，2013；吕志雄，2015）。另外，在对城市生态游憩系统中绿地养护所产生的大量园林绿化废弃物，可尝试留存枯枝落叶来替代清扫的方式，有机覆盖替代绿化密植、绿化植物废弃物堆肥等绿地养分自循环、低维护、可持续发展模式，这既减少园林废弃物产生的环境污染，实现了循环使用，同时节省了处理园林垃圾时所带来的能源消耗，进而减少了碳排放。

附录 A　上海城市生态游憩空间服务半径图

图 A.1 所示为上海城市生态游憩空间的核心服务半径图。

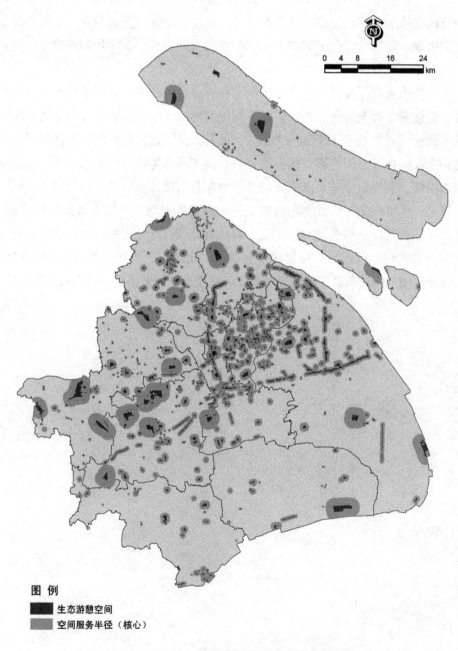

图 A.1　上海城市生态游憩空间的核心服务半径图

图 A.2 所示为上海城市生态游憩空间的边缘服务半径图。

图例

■　生态游憩空间
■　空间服务半径（边缘）

图 A.2　上海城市生态游憩空间的边缘服务半径图

图 A.3 所示为上海城市生态游憩空间的边缘服务半径图。

图 例

■ 生态游憩空间
■ 空间服务半径（潜在）

图 A.3 上海城市生态游憩空间的边缘服务半径图

图 A.4 所示为上海城市生态游憩空间的步行吸引半径图。

图 例

生态游憩空间

吸引半径（步行）

图 A.4　上海城市生态游憩空间的步行吸引半径图

图 A.5 所示为上海城市生态游憩空间的自行车吸引半径图。

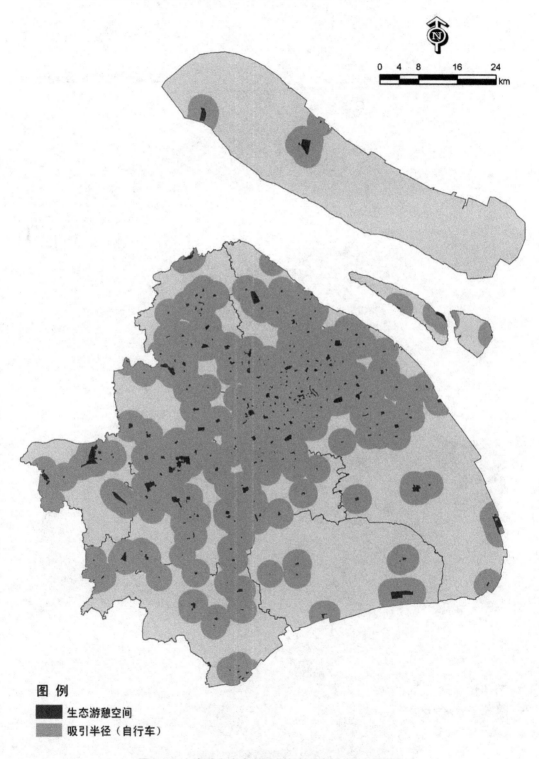

图 A.5　上海城市生态游憩空间的自行车吸引半径图

图 A.6 所示为上海城市生态游憩空间的电动车吸引半径图。

图 例

生态游憩空间

吸引半径（电动车）

图 A.6　上海城市生态游憩空间的电动车吸引半径图

图 A.7 所示为上海城市生态游憩空间的自驾车吸引半径图。

图 例

■ 生态游憩空间

■ 吸引半径（自驾车）

图 A.7　上海城市生态游憩空间的自驾车吸引半径图

图 A.8 所示为上海城市生态游憩空间的轨交吸引半径图。

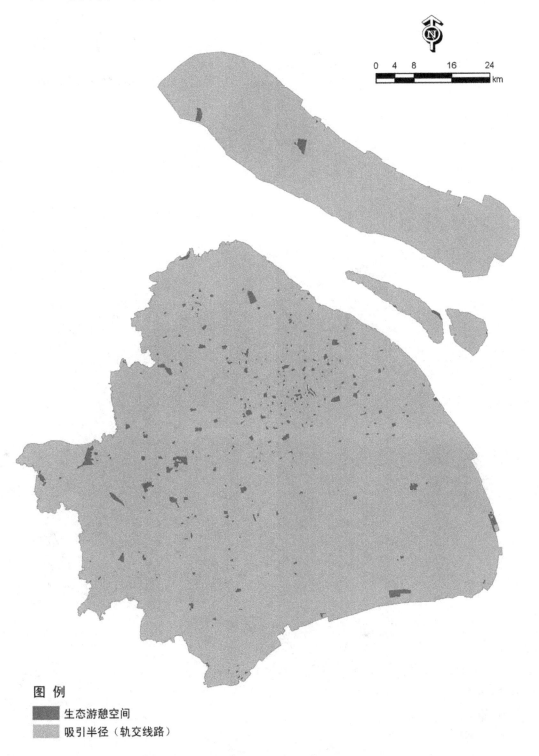

图 例
生态游憩空间
吸引半径（轨交线路）

图 A.8　上海城市生态游憩空间的轨交吸引半径图

图 A.9 所示为上海城市生态游憩空间的公交吸引半径图。

图 例

■ 生态游憩空间

■ 吸引半径（公交车）

图 A.9 上海城市生态游憩空间的公交吸引半径图

附录 B 上海城市生态游憩空间核心服务面积比空间分异图

图 B.1 所示为上海城市生态游憩空间核心服务面积比空间分异。

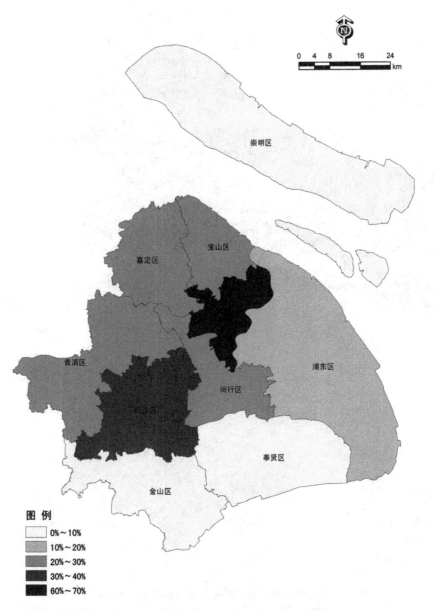

图 B.1　上海城市生态游憩空间核心服务面积比空间分异

图 B.2 所示为上海中心市区生态游憩空间核心服务面积比空间分异。

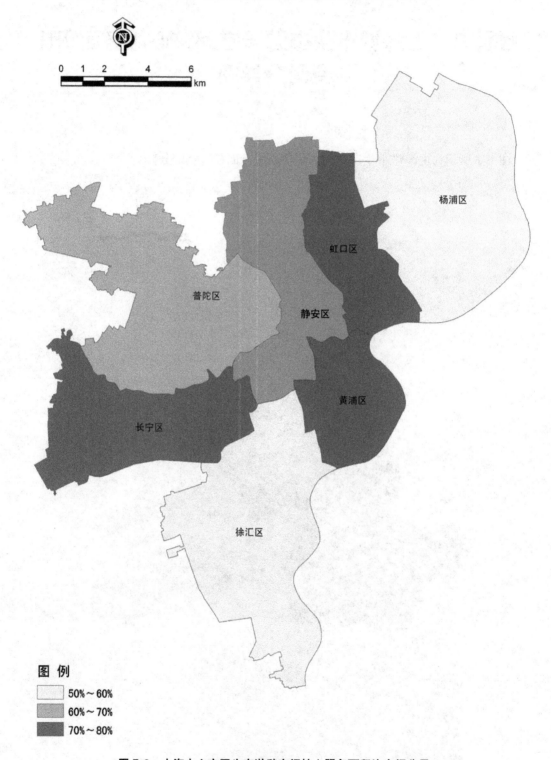

图 B.2 上海中心市区生态游憩空间核心服务面积比空间分异

附录 C 上海生态游憩空间的服务功能格局空间分异（2001—2016 年）

图 C.1 所示为上海生态游憩空间的服务功能格局空间差异（2001 年）。

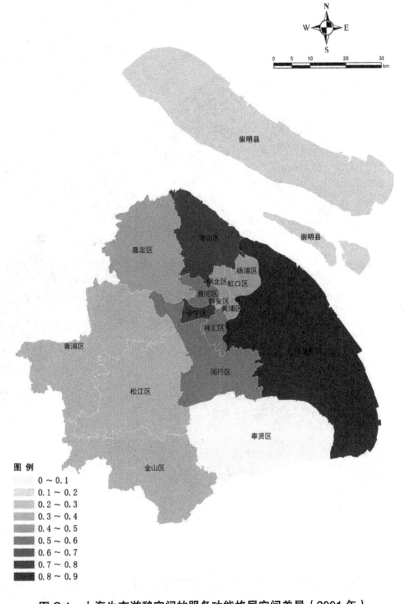

图 C.1 上海生态游憩空间的服务功能格局空间差异（2001 年）

图 C.2 所示为上海生态游憩空间的服务功能格局空间差异（2002 年）。

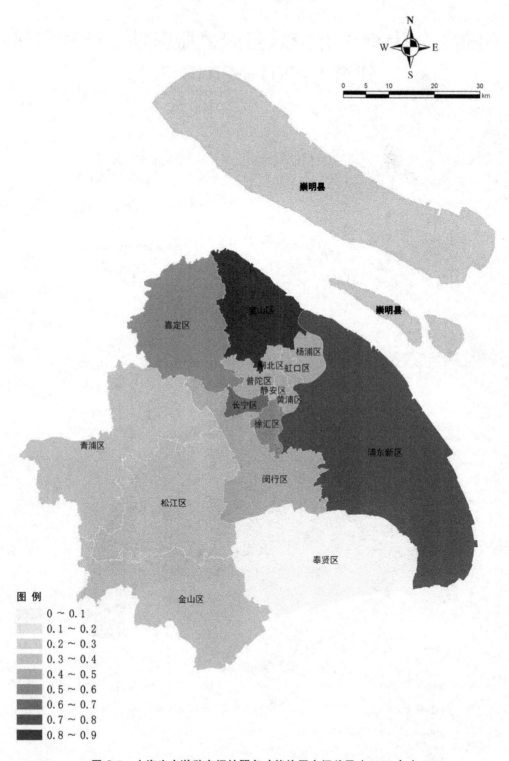

图 C.2　上海生态游憩空间的服务功能格局空间差异（2002 年）

图 C.3 所示为上海生态游憩空间的服务功能格局空间差异（2003 年）。

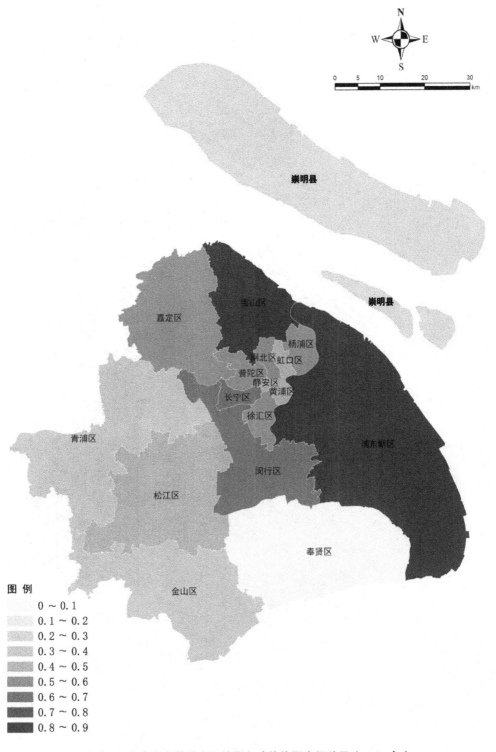

图 例

	0 ~ 0.1
	0.1 ~ 0.2
	0.2 ~ 0.3
	0.3 ~ 0.4
	0.4 ~ 0.5
	0.5 ~ 0.6
	0.6 ~ 0.7
	0.7 ~ 0.8
	0.8 ~ 0.9

图 C.3 上海生态游憩空间的服务功能格局空间差异（2003 年）

图 C.4 所示为上海生态游憩空间的服务功能格局空间差异（2004 年）。

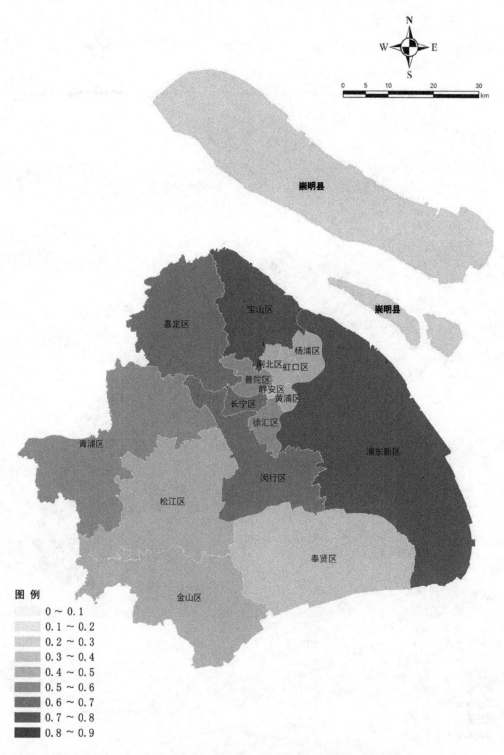

图 C.4　上海生态游憩空间的服务功能格局空间差异（2004 年）

图 C.5 所示为上海生态游憩空间的服务功能格局空间差异（2005 年）。

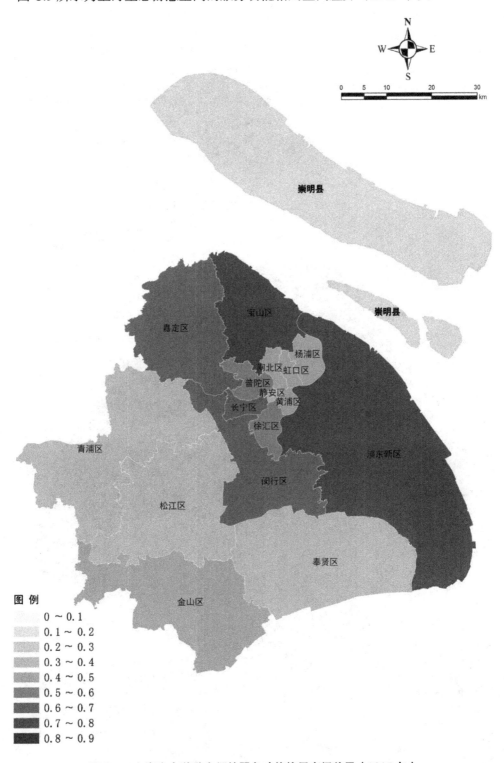

图 C.5 上海生态游憩空间的服务功能格局空间差异（2005 年）

图 C.6 所示为上海生态游憩空间的服务功能格局空间差异（2006 年）。

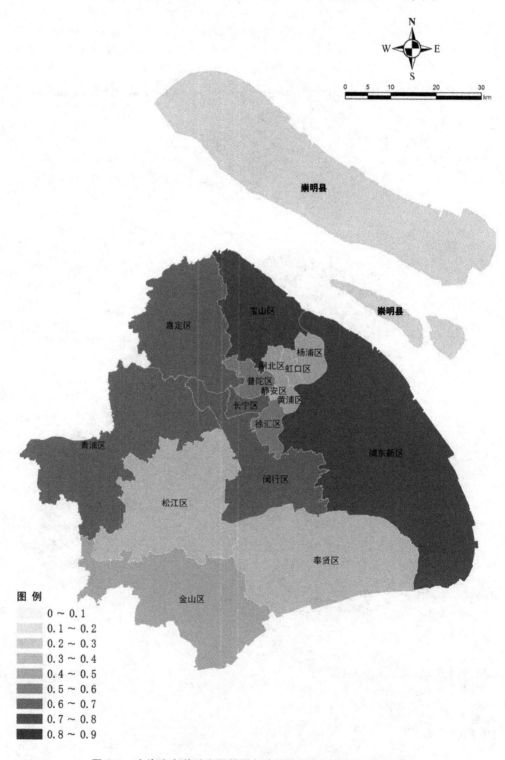

图 C.6 上海生态游憩空间的服务功能格局空间差异（2006 年）

图 C.7 所示为上海生态游憩空间的服务功能格局空间差异（2007 年）。

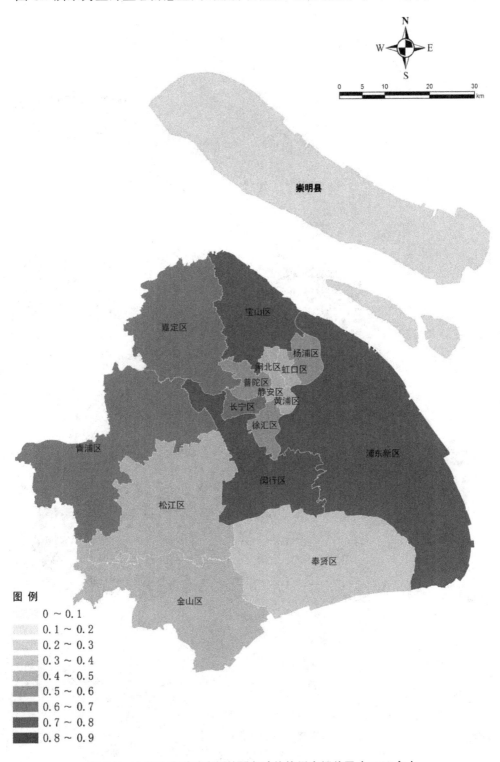

图 C.7 上海生态游憩空间的服务功能格局空间差异（2007 年）

图 C.8 所示为上海生态游憩空间的服务功能格局空间差异（2008 年）。

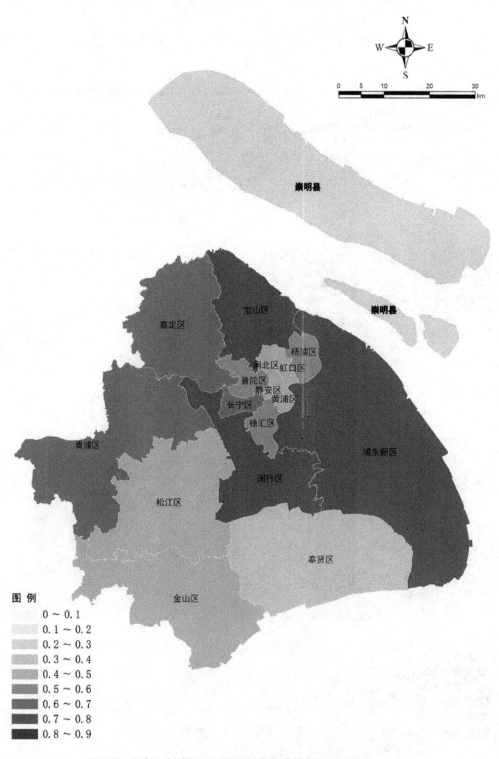

图 C.8　上海生态游憩空间的服务功能格局空间差异（2008 年）

图 C.9 所示为上海生态游憩空间的服务功能格局空间差异（2009 年）。

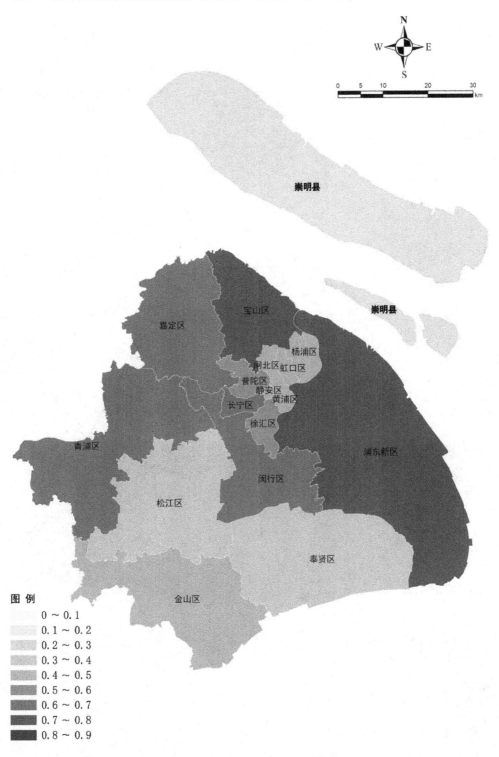

图 C.9　上海生态游憩空间的服务功能格局空间差异（2009 年）

图 C.10 所示为上海生态游憩空间的服务功能格局空间差异（2010 年）。

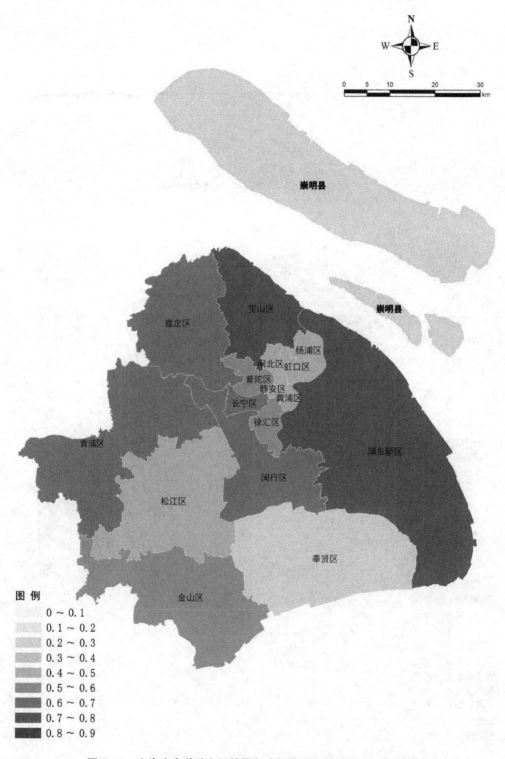

图 C.10　上海生态游憩空间的服务功能格局空间差异（2010 年）

图 C.11 所示为上海生态游憩空间的服务功能格局空间差异（2011 年）。

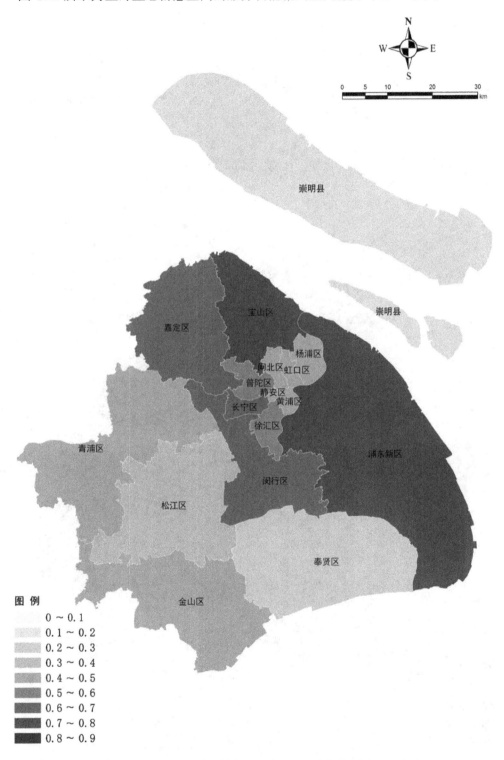

图 C.11　上海生态游憩空间的服务功能格局空间差异（2011 年）

图 C.12 所示为上海生态游憩空间的服务功能格局空间差异（2012 年）。

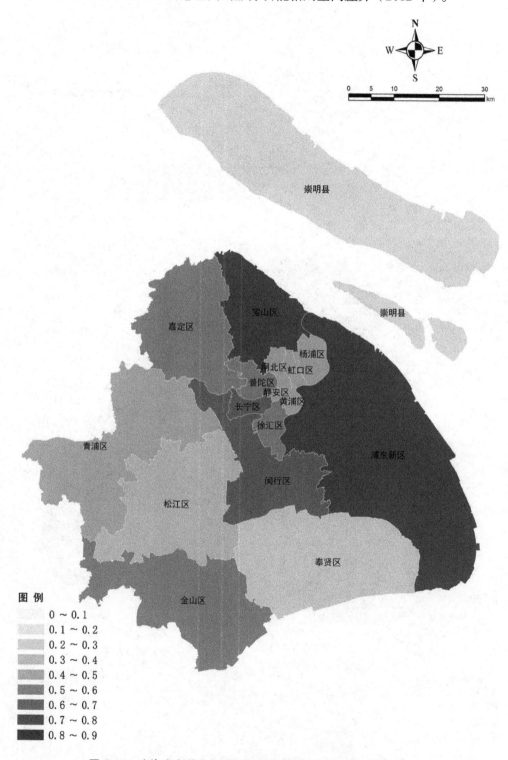

图 C.12　上海生态游憩空间的服务功能格局空间差异（2012 年）

图 C.13 所示为上海生态游憩空间的服务功能格局空间差异（2013 年）。

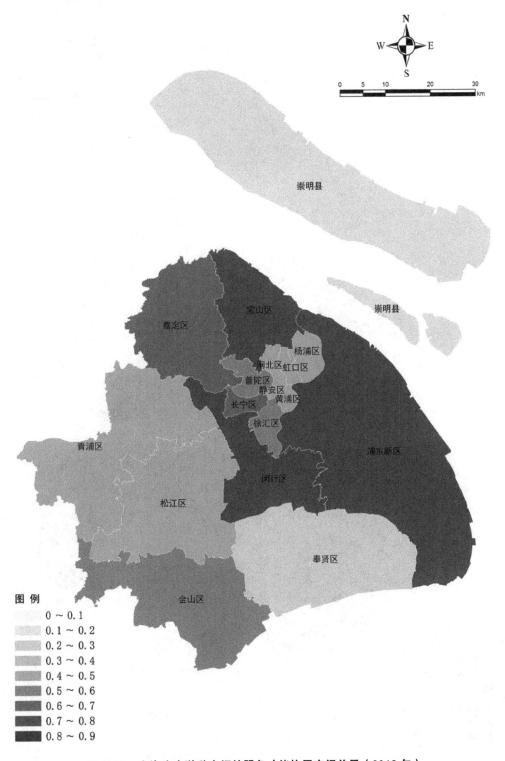

图 C.13　上海生态游憩空间的服务功能格局空间差异（2013 年）

图 C.14 所示为上海生态游憩空间的服务功能格局空间差异（2014 年）。

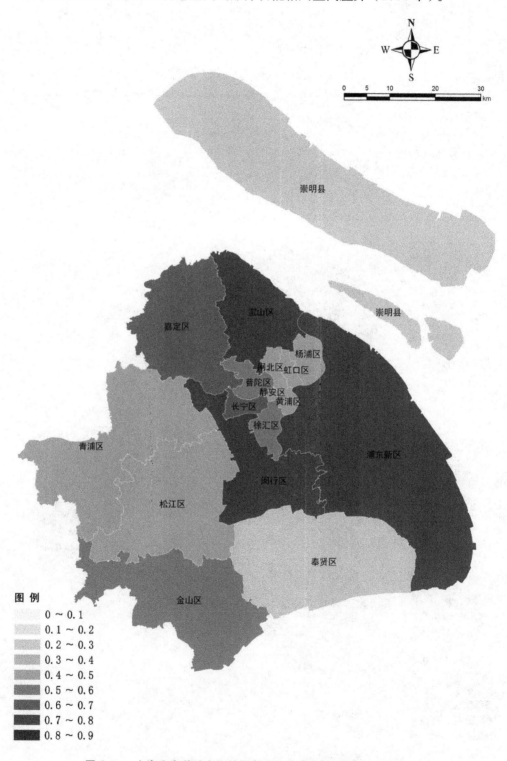

图 C.14　上海生态游憩空间的服务功能格局空间差异（2014 年）

图 C.15 所示为上海生态游憩空间的服务功能格局空间差异（2015 年）。

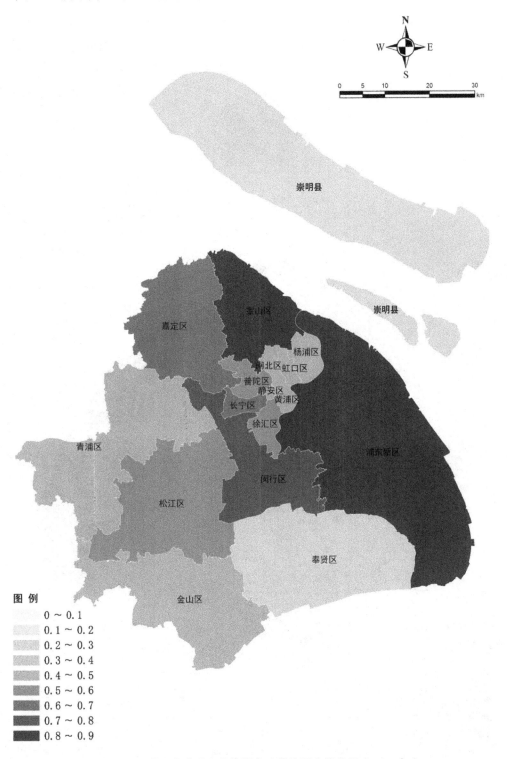

图 C.15 上海生态游憩空间的服务功能格局空间差异（2015 年）

图 C.16 所示为上海生态游憩空间的服务功能格局空间差异（2016 年）。

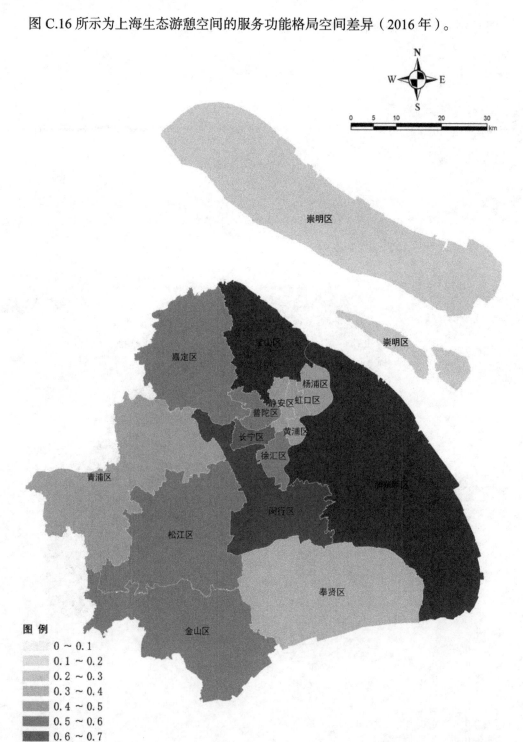

图 C.16　上海生态游憩空间的服务功能格局空间差异（2016 年）

附录 D 上海市公园名录

序号	公园名称	区	地址	备注
1	宝山烈士陵园	宝山区	宝杨路 599 号	免费
2	上海淞沪抗战纪念公园	宝山区	友谊路 1 号	免费
3	炮台湾湿地森林公园	宝山区	塘后路 206 号	5 元
4	月浦公园	宝山区	龙镇路 6 号	免费
5	罗溪公园	宝山区	罗店市一路 130 号	免费
6	友谊公园	宝山区	宝林路 555 号	免费
7	泗塘公园	宝山区	爱晖路 710 号	免费
8	永清苑	宝山区	双城路 490 号	免费
9	淞南公园	宝山区	淞发路 528 号	免费
10	大华行知公园	宝山区	真华路 1105 号	免费
11	罗泾公园	宝山区	潘沪路 298 号	免费
12	共和公园	宝山区	场北路 360 号	免费
13	顾村公园（一期）	宝山区	沪太路 4788 号	20 元
14	菊盛公园	宝山区	菊盛路、菊太路口	免费
15	祁连公园	宝山区	塘祁路 1356 号	免费
16	美兰湖公园	宝山区	沪太公路东侧、美兰湖大道北侧	免费
17	庙行公园	宝山区	富长路东侧	免费
18	颐景园	宝山区	杨泰路 859 号	免费
19	宝山滨江公园	宝山区	上海淞沪抗战纪念公园东侧	免费
20	智力公园	宝山区	庙行镇智力产业园西侧	免费
21	中山公园	长宁区	长宁路 780 号	免费
22	华山儿童公园	长宁区	华山路 1575 号	免费
23	上海动物园	长宁区	虹桥路 2381 号	40 元
24	天山公园	长宁区	延安西路 1731 号	免费
25	天原公园	长宁区	水城路 735 号	免费

序号	公园名称	区	地址	备注
26	虹桥公园	长宁区	遵义路 101 号	免费
27	水霞公园	长宁区	仙霞路 505 号	免费
28	新虹桥中心花园	长宁区	延安西路 2238 号	免费
29	华山绿地	长宁区	华山路 1500 号	免费
30	海粟绿地	长宁区	凯旋路、延安路口	免费
31	新泾公园	长宁区	天山西路 455 号	免费
32	延虹绿地	长宁区	虹桥路、古北路口	免费
33	虹桥河滨公园	长宁区	长宁路 1898 号西侧	免费
34	瀛洲公园	崇明区	城桥镇鳌山路 679 号	免费
35	新城公园	崇明区	城桥镇江帆路 379 号	免费
36	堡镇公园	崇明区	崇明区堡镇石岛路 280 号	免费
37	古华公园	奉贤区	南桥镇解放中路 220 号	免费
38	西渡公园	奉贤区	南渡新苑北侧，扶兰支路南侧，西渡学校西侧，扶兰路	免费
39	望春园	奉贤区	奉贤区南桥镇菜场路 167 号	免费
40	四季生态园	奉贤区	奉贤航南公路（近韩谊路）	免费
41	昆山公园	虹口区	昆山花园路 13 号	免费
42	鲁迅公园	虹口区	四川北路 2288 号	免费
43	霍山公园	虹口区	霍山路 118 号	免费
44	爱思儿童公园	虹口区	海伦路 499 号	免费
45	和平公园	虹口区	天宝路 891 号	免费
46	凉城公园	虹口区	车站北路 566 号	免费
47	江湾公园	虹口区	新市北路 1505 号	免费
48	曲阳公园	虹口区	中山北一路 880 号	免费
49	川北公园	虹口区	四川北路 1428 号	免费
50	豫园	黄浦区	安仁街 218 号	淡季 30 元 旺季 40 元
51	黄浦公园	黄浦区	中山东一路外滩	免费
52	人民公园	黄浦区	南京西路 231 号	免费
53	蓬莱公园	黄浦区	南车站路 350 号	免费
54	古城公园	黄浦区	人民路 333 号	免费
55	广场公园	黄浦区	金陵西路 50 号	免费

续表

序号	公园名称	区	地址	备注
56	九子公园	黄浦区	成都北路 1018 号	免费
57	延福公园	黄浦区	延安东路、福建南路口	免费
58	复兴公园	黄浦区	皋兰路 2 号甲（西门）	免费
59	绍兴公园	黄浦区	绍兴路 62 号	免费
60	南园滨江绿地	黄浦区	龙华东路 800 号	免费
61	淮海公园	黄浦区	淮海中路 177 号	免费
62	丽园公园	黄浦区	丽园路、蒙自路口	免费
63	古猗园	嘉定区	沪宜公路 218 号	12 元
64	汇龙潭公园	嘉定区	南大街 183 号	5 元
65	秋霞圃	嘉定区	东大街 314 号	10 元
66	嘉定区青少年活动中心	嘉定区	梅园路 226 号	免费
67	安亭市民广场	嘉定区	安亭镇墨玉路 267 号	免费
68	紫气东来公园（一期）	嘉定区	阿克苏路、塔秀路口	免费
69	盘陀子公园	嘉定区	环城河外圈、近横沥河	免费
70	南水关公园	嘉定区	环城河内圈、近南大街	免费
71	黄渡公园	嘉定区	新黄路 40 号	免费
72	马陆公园	嘉定区	育英街 455 号	免费
73	金沙公园	嘉定区	丰庄路 69 号	免费
74	新成公园	嘉定区	塔城东路 335 号	免费
75	上海千年古银杏园	嘉定区	泰海路 230 号	免费
76	南苑公园	嘉定区	福海路 200 号	免费
77	小河口银杏园	嘉定区	塔城路北侧、西城河西侧	免费
78	南城墙公园	嘉定区	南大街、环城河西北侧	免费
79	复华公园	嘉定区	仓场路、茹水路口	免费
80	陈家山荷花公园	嘉定区	横沥河东侧、三环线南侧	免费
81	嘉定紫藤园	嘉定区	博乐路 45 号	免费
82	上海汽车博览公园	嘉定区	上海国际汽车城核心贸易区南侧上海市博园路 7001—7575 号	免费
83	张堰公园	金山区	张堰镇花贤路 20 号	免费
84	金山公园	金山区	朱泾镇公园路 96 号	免费
85	古松园	金山区	亭林镇复兴东路 106 号	免费
86	滨海公园	金山区	石化城区新城路 16 号	免费

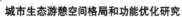
序号	公园名称	区	地址	备注
87	荟萃园	金山区	石化城区大堤路 208 号	免费
88	亭林公园	金山区	亭林镇华亭路 51 号	免费
89	枫溪公园	金山区	枫泾镇新泾路 45 号	免费
90	西康公园	静安区	西康路 255 号	免费
91	静安公园	静安区	南京西路 1649 号	免费
92	静安雕塑公园	静安区	北京西路 500 号	免费
93	东茭泾公园	静安区	临汾路 1633 号	免费
94	中兴绿地	静安区	中兴路、西藏北路路口	免费
95	广场公园（静安段）	静安区	延安路、老成都北路口	免费
96	蝴蝶湾公园	静安区	康定东路、泰兴路口	免费
97	闸北公园	静安区	共和新路 1555 号	免费
98	交通公园	静安区	新马路 262 号	免费
99	彭浦公园	静安区	场中路 2150 号	免费
100	岭南公园	静安区	汾西路 580 号	免费
101	三泉公园	静安区	保德路 1200 号	免费
102	大宁灵石公园	静安区	广中西路 288 号	2 元
103	不夜城绿地	静安区	华盛路 219 号	免费
104	红园	闵行区	江川路 354 号	免费
105	闵行公园	闵行区	沪闵路 249 号	免费
106	莘庄公园	闵行区	莘庄镇莘浜路 421 号	免费
107	吴泾公园	闵行区	剑川路 2 号	免费
108	古藤园	闵行区	临沧路 148 号	免费
109	华漕公园	闵行区	东华美路 5 号	免费
110	航华公园	闵行区	航新路 600 号	免费
111	闵行体育公园	闵行区	新镇路 456 号	免费
112	闵联生态公园	闵行区	东川路 3366 号	免费
113	黎安公园	闵行区	秀文路 118 号	免费
114	颛桥剪纸公园	闵行区	老沪闵路口（轻轨五号线颛桥站）	免费
115	金塔公园	闵行区	沪闵路金塔路	免费
116	江玮绿地	闵行区	江文路江玮路口	免费
117	新华园	闵行区	瑞丽路西宾川路北	免费

序号	公园名称	区	地址	备注
118	景谷园	闵行区	碧江路西景谷路北	免费
119	锦博苑	闵行区	江龙路 188 号	免费
120	梅馨陇韵	闵行区	曙东路东马西浜北	免费
121	梅陇公园	闵行区	上中西路 780 号	免费
122	西洋园	闵行区	东川路 3333 号	免费
123	平阳双拥公园	闵行区	龙茗路西、平阳路南	免费
124	梅陇休闲园	闵行区	镇西路 550 号	免费
125	马桥公园	闵行区	北松路北富岩路西	免费
126	陈行公园	闵行区	浦星路西陈南路南	免费
127	田园	闵行区	梅州路 445 号	免费
128	诸翟公园	闵行区	运乐路 188 号	免费
129	纪王公园	闵行区	纪高路 598 号	免费
130	莘城中央公园	闵行区	闵城路 180 号	免费
131	华翔绿地	闵行区	申滨南路南申昆路西	免费
132	莘庄梅园	闵行区	莘庄地铁南广场虹莘路 688 号	免费
133	古钟园	浦东新区	惠南镇卫星西路 11 号	免费
134	上海野生动物园	浦东新区	南六公路 178 号	120 元
135	川沙公园	浦东新区	川沙路 5111 号	免费
136	长青公园	浦东新区	长青路 11 号	免费
137	梅园公园	浦东新区	乳山路 180 号	免费
138	蔓趣公园	浦东新区	洪山路 201 号	免费
139	泾东公园	浦东新区	罗山路 200 号	免费
140	高桥公园	浦东新区	高桥镇通园路 269 号	免费
141	临沂公园	浦东新区	东方路 3683 号	免费
142	济阳公园	浦东新区	耀华路 600 号	免费
143	上南公园	浦东新区	德州路 198 号	免费
144	南浦广场公园	浦东新区	浦东南路 2277 号	免费
145	世纪公园	浦东新区	锦绣路 1001 号	10 元
146	金桥公园	浦东新区	台儿庄路 362 号	免费
147	塘桥公园	浦东新区	东方路 1260 号	免费
148	泾南公园	浦东新区	羽山路 850 号	免费

续表

序号	公园名称	区	地址	备注
149	陆家嘴中心绿地	浦东新区	陆家嘴东路 15 号	免费
150	滨江大道	浦东新区	滨江大道 2967 号	免费
151	名人苑	浦东新区	张杨路 2988 号	免费
152	豆香园	浦东新区	灵山路 412 号	免费
153	世博公园	浦东新区	世博大道 950 号（临）	免费
154	滨江森林公园	浦东新区	高桥镇凌桥高沙滩 3 号	20 元
155	友城绿地	浦东新区	前滩大道近前耀路	免费
156	曙光绿地	浦东新区	川杨河近毕节路	免费
157	德州休闲绿地	浦东新区	德州路 334 号	免费
158	周浦公园	浦东新区	年家浜东路 388 号	免费
159	合庆公园	浦东新区	庆荣路 185 号	免费
160	合园	浦东新区	川沙路、川展路路口	免费
161	金枫公园	浦东新区	虹城路 215 号	免费
162	紫薇公园	浦东新区	紫薇路 60 号	免费
163	白莲泾公园	浦东新区	世博园区浦东段北侧	免费
164	后滩公园	浦东新区	世博大道 2200 号	免费
165	张衡公园	浦东新区	张衡路 2380 号	免费
166	花木公园	浦东新区	杜鹃路 332 号（白杨路口）	免费
167	江镇市民广场公园	浦东新区	晨阳路川南奉公路口	免费
168	滨河文化公园	浦东新区	鸿音路 3001 号	免费
169	高东公园	浦东新区	高东镇光灿路 118 号	免费
170	华夏公园	浦东新区	华夏东路 285 号	免费
171	普陀公园	普陀区	光复西路 255 号	免费
172	曹杨公园	普陀区	枫桥路 50 号	免费
173	长风公园	普陀区	大渡河路 189 号	免费
174	兰溪青年公园	普陀区	兰溪路 152 号	免费
175	宜川公园	普陀区	宜川路 99 号	免费
176	沪太公园	普陀区	新村路 37 号	免费
177	管弄公园	普陀区	管弄路 29 号	免费
178	甘泉公园	普陀区	西乡路 100 号	免费
179	海棠公园	普陀区	武宁路 2650 号	免费

续表

序号	公园名称	区	地址	备注
180	真光公园	普陀区	真光路 1865 号	免费
181	梅川公园	普陀区	武宁路 2361 号	免费
182	未来岛公园	普陀区	绥德路 378 号	免费
183	长寿公园	普陀区	长寿路 260 号	免费
184	梦清园	普陀区	宜昌路 66 号	免费
185	清涧公园	普陀区	金鼎路 658 号	免费
186	祥和公园	普陀区	真光路 1121 号甲	免费
187	丹巴公园	普陀区	金沙江路、丹巴路口	免费
188	真如公园	普陀区	大渡河路 1894 号	免费
189	桃浦公园	普陀区	桃浦路 1018 号	免费
190	武宁公园	普陀区	中宁路 107 号乙	免费
191	曲水园	青浦区	公园路 612 号	5 元
192	上海大观园	青浦区	青商路 701 号	60 元
193	珠溪园	青浦区	朱家角镇祥凝浜 332 号	免费
194	徐泾广场公园	青浦区	京华路、振泾路口	免费
195	南菁园	青浦区	华青南路 98 弄 55 号	免费
196	华新人民公园	青浦区	华强路 666 号	免费
197	北菁园	青浦区	华科路 400 号	免费
198	醉白池公园	松江区	人民南路 64 号	12 元
199	方塔园	松江区	中山东路 235 号	12 元
200	泗泾公园	松江区	泗泾镇江川北路 188 号	免费
201	思贤公园	松江区	思贤路园中路口	免费
202	上海辰山植物园	松江区	佘山镇辰花路 3888 号	60 元
203	松江中央公园	松江区	林荫大道 2 号	免费
204	思鲈园	松江区	西林南路、中山路口	免费
205	松江市民广场	松江区	通欣路西、思贤路北	免费
206	其昌公园	松江区	其昌路北（谷阳路 – 嘉松南路）	免费
207	泖港镇街心花园	松江区	新宾路（泖港镇人民政府对面）	免费
208	石湖荡绿化广场	松江区	学府路 132 号	免费
209	新桥公园	松江区	新站路新镇街口	免费
210	衡山公园	徐汇区	广元路 2 号	免费

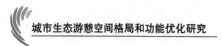

序号	公园名称	区	地址	备注
211	襄阳公园	徐汇区	淮海中路 1008 号	免费
212	龙华烈士陵园	徐汇区	龙华西路 180 号	1 元
213	康健园	徐汇区	桂林路 91 号	免费
214	桂林公园	徐汇区	桂林路 128 号	2 元
215	漕溪公园	徐汇区	漕溪路 203 号	免费
216	上海植物园	徐汇区	龙吴路 1100 号	15 元
217	光启公园	徐汇区	南丹路 17 号	免费
218	东安公园	徐汇区	中山南二路 811 号	免费
219	漕河泾开发区公园	徐汇区	田林路 358 号	免费
220	徐家汇公园	徐汇区	肇家浜路 986 号	免费
221	复兴岛公园	杨浦区	共青路 386 号	免费
222	波阳公园	杨浦区	波阳路 200 号	免费
223	杨浦公园	杨浦区	双阳路 399 号	免费
224	平凉公园	杨浦区	平凉路 1738 号	免费
225	惠民公园	杨浦区	惠民路 724 号	免费
226	内江公园	杨浦区	控江路 261 号	免费
227	共青森林公园	杨浦区	军工路 2000 号	15 元
228	松鹤公园	杨浦区	抚顺路 240 号	免费
229	延春公园	杨浦区	营口路 20 号	免费
230	工农公园	杨浦区	包头路 929 号	免费
231	民星公园	杨浦区	嫩江路 1111 号	免费
232	黄兴公园	杨浦区	营口路 699 号	3 元
233	四平科技公园	杨浦区	四平路 1777 号	免费
234	江浦公园	杨浦区	长阳路 1111 号	免费
235	大连路绿地	杨浦区	荆州路 151 号	免费
236	新江湾城公园	杨浦区	国秀路 300 号	免费

参考文献

［1］Bai Hua, Han Wen-xiu. General Theories about ComplexSystems and their Coordination［J］. Operations research and management science, 2000, 9(3): 1-7.

［2］Bala G, Caldeira K, Wickett M, Phillips T, Lobell D, Delire C, Mirin A. Combined climate and carbon-cycle effects of large-scale deforestation［J］. Proceedings of the National Academy of Sciences, 2007, 104: 6550-6555.

［3］Becken S. Tourists' perception of international air travel's impact on the global climate and potential climate change policies［J］. Journal of sustainable tourism, 2007, 15: 351-368.

［4］Becken S, Patterson M. Measuring national carbon dioxide emissions from tourism as a key step towards achieving sustainable tourism［J］. Journal of Sustainable Tourism, 2006, 14: 323-338.

［5］Blackstone Corporation. Developing An Urban Ecotourism Strategy For Metropolitan Toronto: A Feasibility Assessment For The Green Tourism Partnership［M］. Toronto: Toronto Green Tourism Association, 1996: 1-37.

［6］Buckley R. Environmental Inputs and Outputs in Ecotourism: Geo-tourism with a Positive Triple Bottom Line?［J］Journal of Eco-tourism, 2003, 2(1): 76-82.

［7］Cecil C K. Adapting forestry to urban demands: Role ofcommunication in urban forestry in Europe［J］. Landscape. UrbanPlan. 2000, 52: 89-100.

［8］Cocolas N, Walters G, Ruhanen L. Market responses to climate change in the Australian Alps: A conceptual framework of tourist motivations and leisure substitutability［C］. CAUTHE 2014: Tourism and Hospitality in the Contemporary World: Trends, Changes and Complexity, 2014: 784.

［9］Coles R W, Bussey S C. Urban forest landscapes in theUK: Progressing the social agenda. Landscape［J］. Urban Plan. 2000, 52: 181-188.

［10］Comber A, Brunsdon C, Green E. Using a GIS-based networkanalysis to determine urban green space accessibility for differentethnic and religious groups［J］. Landscape and Urban Planning, 2008, 86: 103-114.

［11］Cook E A . Ecological Networks in Urban Landscapes［J］. Wageningen

Universiteit, 2000.

［12］Cox P M, Betts R A, Jones C D, Spall S A, Totterdell I J. Acceleration of global warming due to carbon-cycle feedbacks in a coupled climate model［J］. Nature, 2000, 408: 184–187.

［13］Dana E D, Vivas S, Mota J F. Urban vegetation of Alme-ria city: A contribution to urban ecology in Spain［J］. Landscape and Urban Plan. 2002, 59: 203–216.

［14］Dodd R, Joppe M. The application of ecotourism to urban environments［J］. Tourism. 2003, 51(2): 157–164.

［15］Dodds R, Joppe M. Promoting urban green tourism: The development of the other map of Toronto［J］. Journal of Vacation Marketing, 2001, 7(3): 261–267.

［16］Dou Y, Luo X, Dong L, Wu C, Liang H, Ren J. An empirical study on transit-oriented low-carbon urban land use planning: Exploratory Spatial Data Analysis (ESDA) on Shanghai, China［J］. Habitat International, 2016, 53: 379–389.

［17］Eong O J. Mangroves-a carbon source and sink［J］. Chemosphere, 1993, 27: 1097–1107.

［18］Fennell D A. Ecotourism: An Introduction［M］. London New York, NY: outledge, 2003.

［19］Filimonau V, Dickinson J, Robbins D. The carbon impact of short-haul tourism: a case study of UK travel to Southern France using life cycle analysis［J］. Journal of Cleaner Production, 2014, 64: 628–638.

［20］Geurs K, Wee B. Accessibility evaluation of land-use andtransport strategies review and research directions［J］. Journal ofTransport Geography, 2004, 12(2): 127–140.

［21］Gibson A, Dodd R, Joppe M, Jamieson B. Ecotourism in the city? Toronoto's Green Tourism Association［J］. International Journal of Contemporary Hospitality Management, 2003, 15(6): 324–327.

［22］Gomez F, Tamarit N, Jabaloyes J. Green zones, bioclimatic studiesand human comfort in the future development of urban planning［J］. Landscape Urban Plan, 2001, 55: 151–161

［23］Gössling S, Garrod B, Aall C, Hille J, Peeters P. Food management in tourism: Reducing tourism's carbon 'foodprint'［J］. Tourism Management, 2011, 32: 534–543.

［24］Gössling S, Peeters P. Assessing tourism's global environmental impact 1900–2050［J］. Journal of Sustainable Tourism, 2015, 23: 639–659.

［25］Hall C M, Scott D, Gössling S. The primacy of climate change for sustainable international tourism［J］. Sustainable Development, 2013, 21: 112–121.

［26］Hayat A, Hacketpain A J, Pretzsch H, et al. Modeling Tree Growth Taking into

Account Carbon Source and Sink Limitations ［J］. Frontiers in Plant Science, 2017, 8: 182.

［27］Herzele A V, Wiedemann T. A monitoring tool for theprovision of accessible and attractive urban green spaces ［J］. Landscape and Urban Planning, 2003, 63: 109–126.

［28］Hien W N, Jusuf S K. GIS-based greenery evaluation oncampus master plan ［J］. Landscape and Urban Planning, 2008, 84: 166–182.

［29］Higham J, Lück M. Urban Ecotourism: A Contradiction in Terms? ［J］. Journal of Ecotourism, 2002, 1(1): 36–51.

［30］Higham J, Carr A. Defining Ecotourism in New Zealand: Differenti-ating Between the Defining Parameters within a National/Regional Context ［J］. Journal of Ecotourism, 2003, 2(1): 17–32.

［31］Hua B, Wenxiu H. General theories about complex systems and their coordination ［J］. Operations Research and Management Science, 2000, 19: 1–3.

［32］Hua L. Evaluation and optimization countermeasures for service functions of urban ecological recreation space ［J］. City Planning Review, 2015, 8: 12.

［33］Jiang B , Yao X . Geospatial Analysis and Modelling of Urban Structure and Dynamics ［J］. Geojournal Library, 2010.

［34］JIM C, CHEN W. Assessing the ecosystem service of air pollutant removal by urban trees in Guangzhou(China) ［J］. Journal of Environmental Management, 2008, 88(4): 665 –676.

［35］Karl F. Nordstrom Beaches and Dunes of Developed Coasts ［M］. Cambridge: Cambridge University Press. , 2000.

［36］Kennedy J J, Quigley T M. Evolution of USDA forest serviceorganizational culture and adaption issues in embracing an ecosystemmanagement paradigm. Landscape Urban Plan, 1998, 40: 113–122

［37］Mccarney P . Cities and Governance: Coming to Terms with Climate Challenges ［M］// Climate Change Governance. Springer Berlin Heidelberg, 2013.

［38］Lai, J. H. Carbon footprints of hotels: analysis of three archetypes in Hong Kong ［J］. Sustainable Cities and Society, 2015, 14: 334–341.

［39］Lawton L, Weaver D B. Ecotourism in Modified spaces'in D. B. Weaver(ed.) Encyclopedia of Ecotourism ［M］, Wallingford, Oxon. : CAB Iternational. 2001.

［40］Lee J W, Brahmasrene T. Investigating the influence of tourism on economic growth and carbon emissions: Evidence from panel analysis of the European Union ［J］. Tourism Management, 2013, 38: 69–76.

［41］Liqin Y. The analysis on carbon footprint of catering products in high-star hotels during operation: Based on investigation conducted in parts of high-star hotels in Ji'nan ［J］.

Energy Procedia, 2011, 5: 890–894.

［42］Marian B J, Bengt P, Susanne G, et al. Green structureand sustainability: Developing a tool for local planning［J］. Landscape and Urban Plan. 2000, 52: 117–133.

［43］Maroko A, Maantay J, Sohler N, et al. The complexities of measuring access to parks and physical activity sites in New York City: A quantitative and qualitative approach［J］. International Journal of Health Geographics, 2009, 8(34): 1–23.

［44］Menon S, Hansen J, Nazarenko L, et al. Climate effects of black carbon aerosols in China and India［J］. Science, 2002, 297: 2250–2253.

［45］Michailidou A V, Vlachokostas C, Moussiopoulos N. Interactions between climate change and the tourism sector: Multiple–criteria decision analysis to assess mitigation and adaptation options in tourism areas［J］. Tourism Management, 2016, 55: 1–12.

［46］Miller G, Rathouse K, Scarles C, et al. Public understanding of sustainable tourism［J］. Annals of tourism research, 2010, 37: 627–645.

［47］Nicholls S. Measuring the accessibility and equity of public parks: a case study using GIS［J］. Managing Leisure, 2001, 6(4): 201–219.

［48］Oh K, Jeong S. Assessing the spatial distribution of urban parksusing GIS［J］. Landscape and Urban Planning, 2007, 82: 25–32.

［49］Pearce Douglas. Tourism Today: A Geographical Analysis, (Second Edition)［M］. Longman Scientific & Technical Press, 1995: 8–35.

［50］Randolph, J. Enviromental Land Use Planning and Management［M］. Island Press, 2004.

［51］Robinson J. Squaring the circle?Some thoughts on the idea of sustainable development［J］. Ecological Economics, 2004, 48: 369–384.

［52］Sandrine G, Nico K. Distribution pattern of the flora in aper–i urban forest: An effect of the city–forest ecotone［J］. Landscape and Urban Plan. 2003, 65: 169–185.

［53］Schimel D S. Terrestrial ecosystems and the carbon cycle［J］. Global change biology, 1995, 1: 77–91.

［54］Schipperij N J, Ekholm O, and Stiusdotter U K, et al. Factors influencing the use of green space: Results from a Danish national representative survey［J］. Landscape and Urban Planning, 2010, 95(3): 130–137.

［55］Stocker T. Climate change 2013: the physical science basis: Working Group I contribution to the Fifth assessment report of the Intergovernmental Panel on Climate Change［M］. Cambridge University Press. 2014.

［56］TALEN E. The social equity of urban service distribution an exploration of park access in Pueblo, Colorado, and Macon, Georgia［J］. Urban Ueography, 1997, 18(6): 521–

541.

[57] Tang V, Vijay S. System dynamics, Origins, development, and future prospects of a method [C] . Massachusetts Institute of Technology, Cambridge, Mass. Research Seminar in Engineering Systems. 2001.

[58] Tsipidis V. Assessing the Urban Ecotourism Potential of a local Nature Reserve [N] . ECOCLUB. com E-Paper Series, 2004, 10: 1-8.

[59] Tyrvainen L, Hannu V. Economic value of urban forestamenities: An application of the contingent valuation method [J] . Landscape and Urban Plan, 1998, 43: 105-118.

[60] Tyrväinen L, Miettinen A. Property Prices and Urban Forest Amenities [J] . Journal of Environmental Economics & Management, 2004, 39(2): 205-223.

[61] Tyrväinen L. Economic valuation of urban forest benefits in Finland [J] . Journal of Environmental Management, 2001, 62(1): 75-92.

[62] Menikpura S N M, Gheewala S H, Bonnet S. Sustainability assessment of municipal solid waste management in Sri Lanka: problems and prospects [J] . Journal of Material Cycles & Waste Management, 2012, 14(3): 181-192.

[63] Wang H L, Wu Y Y. The Construction of urban ecotourism indicators-application of fuzzy process control [C] . 9th World Leisure Congress. Hangzhou: World Leisure Organization, 2006: 180.

[64] Wang J, Ma J. Shanghai statistical yearbook [M] . Beijing: China Statistics Press, 2013.

[65] Weaver D B. Embracing and managing change in tourism: international case studies [M] . New York: Routledge. , 1998: 180.

[66] Wheeler S M. Planning for sustainability: creating livable, equitable and ecological communities [M] . Routledge. 2013.

[67]Wolf K L. Ergonomics of the City: Green Infrastructure and Social Benefits [C]. In C. Kollin (ed.), Engineering Green: Proceedings of the 11th National Urban Forest Conference. Washington D C: American Forests, 2003, 110-115.

[68] Wu Y Y, Wang H L. Urban ecotourism: a contradiction [J] . International Ecotourism Monthly, 2007, 90: 8-9.

[69] Yu F, Chan K, Sit R, Carbon emissions of chiller systems in Hong Kong hotels under climate change [J] . Strategic Planning for Energy and the Environment, 2014, 34: 39-64.

[70] Zeppel H, Beaumont N. Climate change and sustainable tourism: Carbon mitigation by environmentally certified tourism enterprises [J] . Tourism Review International, 2014, 17: 161-177.

[71] Zhang Li, Lu Yu-qi. Regional accessibility of land trafficnetwork in the Yangtze

River Delta［J］. Journal of GeographicalSciences, 2007, 62(3): 351-364.

［72］常捷，杨洪全.城市生态旅游及其形象策划和产品设计［J］.河南大学学报（自然科学版），2001，31（3）.

［73］车生泉.公园绿地景观结构分析与生态规划——以上海市为例［M］.南京：东南大学出版社，2003.

［74］陈雯，王远飞.城市公园区位分配公平性评价研究——以上海市外环线以内区域为例［J］.安徽师范大学学报（自然科学版），2009，32（4）：373-377.

［75］陈永生.城市公园绿地空间适宜性评价指标体系建构及应用［J］.东北林业大学学报，2011，39（7）：105-108.

［76］程道品，刘宏盈.桂林城市生态旅游及开发.城市问题［J］，2006，（1）：21-26.

［77］程世丹.生态社区的理念及其实践［J］.武汉大学学报（工学版），2004，37（3）：83-87.

［78］戴学军，丁登山.旅游景区（点）系统空间结构关联维数分形研究——以南京市景区（点）系统为例［J］.资源科学，2006，28（1）：181-185.

［79］丁华，高媛.澳门城市生态旅游初探［J］.生态经济，2007，1：126-129.

［80］方田红，高鹏.上海公共游憩场所空间布局分析——以公共绿地为例［J］.太原大学学报，2006，7（2）：41-43.

［81］冯维波.城市游憩空间分析与整合［M］.科学出版社，2009.

［82］何兴元，金莹杉，朱文泉.城市森林生态学的基本理论与研究方法［J］.应用生态学报，2002，13（12）：1679-1683.

［83］侯亚凤，孟祥彬.北京市郊野公园公共设施改造——以"东升八家郊野公园"为例［J］.北京林业大学学报（社会科学版），2014，13（1）：58-64.

［84］黄辞海，白光润.居住生态社区的内涵及其指标体系初探［J］.人文地理，2003，18（1）：53-56.

［85］嵇昊威，赵媛.南京市城市大型超级市场空间分布研究［J］.经济地理，2010，30（5）：756-760.

［86］姬晓娜，赵新伟.城市生态旅游开发和规划的景观生态学模式［J］.平顶山工学院学报，2006，15（6）：3-4.

［87］姬晓娜.城市生态旅游环境质量研究——以厦门生态旅游环境评价为例［D］.福建师范大学，2010.

［88］江俊浩，邱建.国外城市公园建设及其启示［J］.四川建筑科学研究，2009，35（2）：266-269.

［89］李博，宋云，俞孔坚.城市公园绿地规划中的可达性指标评价方法［J］.北京大学学报（自然科学版），2008，44（4）：618-624.

［90］李锋，王如松.城市绿色空间生态服务功能研究进展［J］.应用生态学报，2004，15（3）：527-531.

［91］李锋，刘旭升，王如松.城市森林研究进展与发展战略［J］.生态学杂志，2003，22（4）：55-59.

［92］李华，蔡永立.生态旅游：和谐动因，价值及发展取向［J］.理论探索，2008，1：99-102.

［93］李华.上海城市生态游憩空间格局及其优化研究［J］.经济地理，2014，36（1）：174-180.

［94］李华.城市生态游憩空间服务功能评价与优化对策［J］.城市规划，2015，39（8）：63-69

［95］李文，张林，李莹.哈尔滨城市公园可达性和服务效率分析［J］.中国园林，2010（8）：59-62.

［96］李小马，刘常富.基于网络分析的沈阳城市公园可达性和服务［J］.生态学报，2009，29（3）：1554-1562.

［97］梁颢严，肖荣波，廖远涛.基于服务能力的公园绿地空间分布合理性评价［J］.中国园林，2010（9）：115-19.

［98］林彰平，谭立力.我国城市绿地系统可持续发展的障碍性因素及对策［J］.经济地理，2000，20（3）：40-43

［99］尤传楷."翡翠项链"是合肥人的骄傲—从波士顿"宝石项链"说起［J］.中国园林，2001，17（5）：12-13.

［100］刘常富，李小马，韩东.城市公园可达性研究——方法与关键问题［J］.生态学报，2010，30（19）：5381-5390.

［101］刘名俭，黄猛.旅游目的地空间结构体系构建研究——以长江三峡为例［J］.经济地理，2005，25（4）：581-584.

［102］卢宁，李俊英，闫红伟，等.城市公园绿地可达性分析——以沈阳市铁西区为例［J］.应用生态学报，2014，25（10）：2951-2958.

［103］路遥.大城市公园体系研究——以上海为例［J］.同济大学，2007，3：23-34.

［104］骆永锋，金晓玲，胡希军.基于景观生态学的东山岛城市绿地系统规划［J］.经济地理，2009，29（3）：525-528.

［105］吕斌，陈睿，蒋丕彦.三峡工程影响下三峡区域旅游地空间结构研究［J］.地域研究与开发，2004，23（6）：73-78.

［106］马琳，陆玉麒.基于路网结构的城市绿地景观可达性研究——以南京市主城区公园绿地为例［J］.中国园林，2011（7）：92-96.

［107］庞振刚，董波.上海城乡交错带生态旅游开发战略研究［J］.旅游学刊，

2001，16（3）：76-79.

［108］苏平，党宁，吴必虎.北京环城游憩带旅游地类型与空间结构特征［J］.地理研究，2004，23（3）：404－409.

［109］苏亚瑜.城市生态旅游产品设计研究［D］.云南师范大学，2007.

［110］苏泳娴，黄光庆，陈修治，等.城市绿地的生态环境效应研究进展［J］.生态学报，2011，31（23）：7287-7300.

［111］孙萍.城市旅游与城市生态建设［D］.南京林业大学，2009.

［112］田逢军.城市游憩导向的上海公园绿地深度开发［D］.上海师范大学，2005：44-46.

［113］同丽嘎，宁小莉，张靖.基于RS与GIS的包头市城市公园绿地休闲游憩服务半径研究［J］.干旱区资源与环境，2013，27（3）：202-208.

［114］汪德根，陆林，陈田，等.基于点－轴理论的旅游地系统空间结构演变研究——以呼伦贝尔－阿尔山旅游区为例［J］.经济地理，2005，25（6）：904－909.

［115］王珏.基于GIS和RS的城市公园绿地服务半径研究——以常州市天宁区和钟楼区为例［D］.南京林业大学.2011.

［116］王如松，周启星.城市生态调控方法［M］.北京：气象出版社.2000：31-36.

［117］王涛.基于服务半径的全市性公园布局研究——以太原市为例［D］.山西大学，2007.

［118］王小璘，何友锋，吴怡彦.都市生态旅游研究现状与挑战［J］.人文地理，2009（5）：107-111.

［119］吴必虎，唐子颖.旅游吸引物空间结构分析——以中国首批国家4A级旅游区（点）为例［J］.人文地理，2003，18（1）：1-5.

［120］吴承照，曾琳.以街旁绿地为载体再生传统民俗文化的途径［J］.城市规划汇刊，2006，5：99-102.

［121］吴菲，李树华，刘娇妹.林下广场、无林广场和草坪的温湿度及人体舒适度［J］.生态学报，2007，27（7）：2964-2971.

［122］吴耀宇."反规划"视角下的城市森林景区生态规划［J］.南京林业人学学报（人文社会科学版），2010，10.

［123］徐凌.城市绿地生态系统综合效益研究［D］.辽宁师范大学.2003：4-5.

［124］薛怡珍.城市生态旅游发展策略研究——以台南市为例［J］.生态经济，2008，10：96-100.

［125］闫维，李洪远，孟伟庆.欧美生态网络规划对中国的启示.环境保护，2010（18）：64-66.

［126］杨俐，城市生态旅游初探——以上海为例的个案分析［J］.社会科学家，2004.

［127］叶明武，王军，刘耀龙，等.基于 GIS 的上海中心城区公园避难可达性研究［J］.地理与地理信息科学，2008，24（2）：97-103.

［128］尹海伟，孔繁花，宗跃光.城市绿地可达性与公平性评价［J］.生态学报，2008，28（7）：3375-3383.

［129］尹海伟，孔繁花.济南市城市绿地可达性分析［J］.植物生态学报，2006，30（1）：17-24.

［130］尹海伟，徐建刚.上海公园空间可达性与公平性分析［J］.城市发展研究，2009，16（6）：71-76.

［131］余柏菠，胡志明，吴健平，等.上海市中心城区公园绿地对居住区的社会服务功能定量分析［J］.长江流域资源与环境，2013，22（7）：872-879.

［132］俞孔坚，段铁武，李迪华，等.景观可达性作为衡量城市绿地系统功能指标的评价方法与案例［J］.城市规划，1999，23（8）：8-11.

［133］俞孔坚，李迪华，刘海龙."反规划"途经［D］.北京：中国建筑工业出版社，2005：11-21.

［134］张晨，马英俊.上海发展城市生态旅游分析［J］.安徽商贸职业技术学院学报，2006，5（4）：20-23.

［135］张红，刘继生.都市生态旅游的初步研究——以长春市为例［J］.人文地理，2001，16（2）：86-89.

［136］张晓来.基于 GIS 的城市公园绿地服务半径研究以老河口为例［J］.华中农业大学，2007，6.

［137］赵红霞，汤庚国.城市绿地空间格局与其功能研究进展［J］.山东农业大学学报（自然科学版），2007，38（1）：155-158.

［138］周廷刚，郭达志.基于 GIS 的城市绿地景观引力场研究——以宁波市为例［J］.生态学报，2004，24（6）：1157-1163.

［139］周志翔，邵天一，唐万鹏，等.城市绿地空间格局及其环境效应——以宜昌市中心城区为例［J］.生态学报，2004，24（2）：186-192.

［140］王成，贾宝全，等.基于 GIS 的广州市中心城区城市森林可达性分析［J］.生态学报，2011，31（8）：2290-2300.